咖啡园杂草
鉴别与绿色防除图鉴

胡发广　付兴飞　李贵平　李亚男　董文江 ◎ 主编

中国农业出版社

北　京

图书在版编目（CIP）数据

咖啡园杂草鉴别与绿色防除图鉴 / 胡发广等主编.
北京：中国农业出版社，2024. 10. -- ISBN 978-7-109
-32513-5

Ⅰ. S451

中国国家版本馆CIP数据核字第2024BS4638号

咖啡园杂草鉴别与绿色防除图鉴
KAFEIYUAN ZACAO JIANBIE YU LÜSE FANGCHU TUJIAN

中国农业出版社出版

地址：北京市朝阳区麦子店街18号楼
邮编：100125
责任编辑：郭　科
版式设计：杨　婧　　责任校对：吴丽婷　　责任印制：王　宏
印刷：北京中科印刷有限公司
版次：2024年10月第1版
印次：2024年10月北京第1次印刷
发行：新华书店北京发行所
开本：889mm×1194mm　1/16
印张：17.25
字数：498千字
定价：300.00元

编辑委员会

姓名	工作单位	职称
胡发广	云南省农业科学院热带亚热带经济作物研究所	研究员
付兴飞	云南省农业科学院热带亚热带经济作物研究所	助理研究员
李贵平	云南省农业科学院热带亚热带经济作物研究所	副研究员
李亚男	云南省农业科学院热带亚热带经济作物研究所	副研究员
董文江	云南省农业科学院热带亚热带经济作物研究所	研究员
于鑫欣	中国热带农业科学院香料饮料研究所	助理研究员
毕晓菲	云南省农业科学院热带亚热带经济作物研究所	副研究员
李亚麒	云南省农业科学院热带亚热带经济作物研究所	助理研究员
严 炜	云南省农业科学院热带亚热带经济作物研究所	副研究员
黄家雄	云南省农业科学院热带亚热带经济作物研究所	研究员
罗心平	云南省农业科学院热带亚热带经济作物研究所	研究员
邵 杰	保山市隆阳区经济作物技术推广站	高级农艺师
喻好好	云南省农业科学院热带亚热带经济作物研究所	研究实习员
马东晓	云南省农业科学院热带亚热带经济作物研究所	研究实习员
王 娜	云南省农业科学院热带亚热带经济作物研究所	研究实习员
吕玉兰	云南省农业科学院热带亚热带经济作物研究所	研究员
刘 倩	云南省农业科学院热带亚热带经济作物研究所	副研究员
刘德欣	云南省农业科学院热带亚热带经济作物研究所	研究实习员
李佳洲	云南省农业科学院热带亚热带经济作物研究所	研究实习员
杨 旸	云南省农业科学院热带亚热带经济作物研究所	助理研究员
吴奕贤	云南省农业科学院热带亚热带经济作物研究所	研究实习员
沈少斌	云南省农业科学院热带亚热带经济作物研究所	助理研究员
张晓芳	云南省农业科学院热带亚热带经济作物研究所	助理研究员
武瑞瑞	云南省农业科学院热带亚热带经济作物研究所	助理研究员
娄予强	云南省农业科学院热带亚热带经济作物研究所	副研究员
番啟佐	保山市隆阳区佐园咖啡有限公司	高级农艺师
瞿炳青	云南省农业科学院热带亚热带经济作物研究所	研究实习员

前　言

　　咖啡是世界三大饮料作物之一，也是发展中国家，尤其是南美洲、非洲众多国家和地区经济发展的重要支柱产业。据统计，全球共有78个国家和地区种植咖啡。2023年，全球咖啡种植收获面积1 220.6万hm²，总产量1 028.6万t，咖啡消费量1 017.0万t，农业总产值374.6亿美元，其中，小粒咖啡产量583.9万t，占总产量的56.77%。2023年，我国咖啡种植面积117.0万亩，总产量14.8万t，居全球第13位。云南省作为我国最重要的小粒咖啡种植区，2023年小粒咖啡种植面积114.60万亩，产量14.59万t，农业产值54.28亿元，咖啡种植面积、产量及农业产值均占全国的98%以上。经过70余年的发展，云南省已经形成了以普洱市、临沧市、保山市、德宏州、西双版纳州、怒江州为主的优势咖啡产区，同时咖啡产业已成为云南省最具特色的优势产业之一，对促进云南边疆农民就业增收和助推乡村振兴做出了积极贡献。

　　杂草是咖啡农业生态系统的重要组成部分，但也是制约咖啡生长、产量及品质的重要因素之一。前人针对云南省咖啡种植区杂草的种类、危害情况、防控及群落多样性等方面做了系列研究，但缺乏云南全省范围内咖啡园系统性的杂草种类调查，并且在咖啡园杂草绿色防除方面较为薄弱，一定程度上制约了云南省咖啡产业的可持续健康发展。鉴于此，为明确云南全省范围内咖啡园杂草的种类及危害现状，并提出具有针对性、科学性和可行性的杂草绿色防除技术，减轻杂草对咖啡的危害；同时，为使广大从事咖啡生产、教学、科研等的工作者能够更准确地识别咖啡园杂草的种类及危害，云南省农业科学院热带亚热带经济作物研究所咖啡创新团队于2019—2024年，对云南全省范围内咖啡产区的杂草种类开展了系统性调查，对咖啡园杂草的发生概况、形态特征、生物学特性、分布与危害进行详细了解，并结合团队多年在生产一线对咖啡园杂草绿色防除方面的研究成果，精选700余幅杂草高清生态原色照片，编成《咖啡园杂草鉴别与绿色防除图鉴》。书中收集了59科228种杂草，其中重要杂草7种、主要杂草23种、地域性主要杂草56种、次要杂草142种，比较系统地介绍了云南省小粒咖啡种植区杂草的种类、形态特征、生物学特性、分布与危害及绿色防除技术，可供从事小粒咖啡生产、教学、科研、科普、商贸、检疫、农业技术推广的人员阅读参考。

本书的编写及出版，得到了云南省科技厅科技计划项目创新引导与科技型企业培育计划"精品咖啡高效栽培关键技术研发及示范应用（202304BP090027）"、云南省科技厅科技计划项目重点研发计划"高黎贡山生态功能提升及可持续发展技术研究与示范（202303AC10001203）"和云南省重大科技专项计划"咖啡产业提质增效关键技术研发与示范（202202AE090002）"的大力支持。中国农业出版社的编辑对本书提出了宝贵的意见和建议，并对全书进行了认真的修改和编辑；云南省林业和草原科学院方波老师及云南省农业科学院热带亚热带经济作物研究所肖明昆老师对本书部分杂草种类的鉴定给予了支持和帮助；云南省林业调查规划设计院杨锦超老师对本书全部杂草种类进行了核实，在此一并表示衷心感谢！

由于编写时间仓促，书中难免有不妥之处，敬请有关专家、同行、读者批评指正。

编　者

2024年8月

目 录
CONTENTS

第一章　杂草发生概况

一、杂草的危害及发生特点

在农业生态系统中一切非人为意识性栽培的植物均称为杂草。生态经济角度上则认为，在一定条件下，凡弊大于利的植物都称为杂草，都应采取相对应的防治措施进行防除。生态学角度上则认为，在人类干扰的环境下起源、进化而形成的植物就是杂草，与作物和野生植物有着本质区别，是对农业生产实践和人类活动有着多种负面效应的植物。

（一）杂草的危害特点

杂草是影响农业正常生产的关键因子，其通过长期进化，进而适应当地作物的栽培与耕作、气候、土壤等生态环境及社会条件，最终从不同方面侵害作物，导致作物生长受阻、产量降低及品质变差。

杂草危害农田

杂草危害咖啡园

杂草危害特点有以下8个方面：

（1）与农作物争水、肥、光能等。杂草发达的根系，使其具有极强的适应性，但也需要大量的水、肥、光能维持其正常生长和繁殖，而农作物与其相比在水、肥、光能等方面的竞争并不占优势。以小麦为例，生产1kg的小麦干物质耗水量约为500kg，而每生产1kg干物质，藜和拉拉藤的耗水量分别为658kg和912kg。同样，杂草的耗肥量也显著高于农作物，研究表明，杂草密度100 ~ 200株/m^2时，吸收N、P、K的量分别为60 ~ 135kg/hm^2、18 ~ 30kg/ hm^2、97.5 ~ 135kg/ hm^2，并且可导致谷类作物减产750 ~ 1 500kg/ hm^2。

（2）侵占地上、地下空间，影响作物光合作用，干扰作物生长。杂草的生长需要占据一定的地上和地下空间，因此必然会抢占对应的地上和地下空间，并通过影响作物光合作用，干扰作物生长。以野燕麦为例，平均株高95cm的野燕麦，平均单株投影面积250cm^2，最大单株投影面积可达1 500cm^2。假设平均每平方米有10株野燕麦，则投影面积为2 500cm^2，将占去1/4的空间。而在实际生产中，杂草种子数量远远超过作物的播种量，加上杂草出苗早、生长快、极易形成群体，造成的危害必将远大于理论值。

（3）释放化感物质抑制或威胁作物种子发芽、生长。部分杂草还能分泌某些化合物，抑制作物的种子发芽和生长。如藜的水浸提液可以显著抑制波斯菊种子萌发；车前草、泥胡菜、藜3种杂草的水浸提液对波斯菊、万寿菊幼苗的根长和株高具有显著抑制作用，可以显著降低万寿菊幼苗的超氧化物歧化酶（SOD）、过氧化氢酶（CAT）的活性，降低万寿菊的抗逆性。

（4）是作物病虫害的中间寄主植物。杂草的抗逆性极强，生活型多样，不少是越年生或多年生植物。因其生育周期较长，在作物非生长期或生长期均可作为大部分病虫害的中间寄主植物或越冬场所。在作物生长期，这些杂草上的病虫害会逐渐迁移到作物上进行危害。如咖啡根部害虫南洋臀纹粉蚧可以禾本科杂草作为替代寄主植物。

（5）增加生产成本。杂草防除耗时耗力，通常生物量越大所需用工量也越多。在农业生态系统中1/3～1/2的田间用工量主要用于杂草防除，按除草用工量每亩[①] 2个工日计，全国20亿亩播种面积，每年除草用工量40亿个工日，按照当前每工日100元的理论费用计算，则全国每年投入除草的费用高达4 000亿元。而实际上的除草用工量和费用却远高于理论值。

（6）降低作物的产量和品质。杂草在土壤养分、水分、作物生长空间和病虫害传播等方面直接或间接影响作物，进而影响作物的生长、产量及品质。以水稻为例，24株/m^{2}的杂草干扰40d后，即可导致水稻减产50%。据联合国粮农组织统计，杂草每年可导致农产品减产10%左右。

（7）危害人畜健康。部分杂草直接危害人畜健康，如毒麦种子和苍耳籽被人误食后可导致人中毒，甚至死亡；豚草的花粉易引起过敏反应，致使患者出现哮喘、鼻炎、类似荨麻疹的病症。

（8）影响水利设施。水渠等灌溉设施及周围长满杂草，会使水渠水流速度减缓，泥沙堆积，并容易受鼠类危害，使渠坝受损；另外，在除草过程中灌溉设施容易被毁坏，尤其是设施农业大面积应用的今天，杂草对农业设施的负面效益更为突出。

（二）杂草的发生特点

在长期的农业生产实践中，人们一直在通过各种防除措施尽力地防除杂草，但依然很难根除杂草对作物的影响。究其原因是杂草在与农作物竞争以及各种环境条件的影响下，逐渐适应并形成了许多固有的生物学特性。

（1）繁殖力强。杂草在整个生长周期内可以产生大量种子或其他繁殖体并且繁衍后代。如一株凹头苋和小蓬草等种子量达几千粒至几万粒。因此，如果农业生态系统中没有很好地防除杂草，一旦杂草开花繁殖，必将产出几亿至几十亿粒种子，那么3～5年后将很难进行防除。

（2）繁殖方式复杂多样。杂草除进行有性繁殖外，还可以通过根、茎、叶等组织进行无性繁殖，杂草的无性繁殖可分为以下7类：

①根蘖繁殖。如苣荬菜、续断菊、小蓟、田旋花等。

②根茎繁殖。如狗牙根和黄毛草莓等。

③匍匐茎繁殖。如雀稗和双穗雀稗等。

---

①亩为非法定计量单位，1亩=1/15hm^2。下同。——编者注

④块茎繁殖。如水莎草和香附子等。

⑤须根繁殖。如龙爪茅草和狗尾草等。

⑥球茎繁殖。如野慈姑等。

⑦鳞茎繁殖。如红花酢浆草等。

凹头苋

小蓬草

苣荬菜的根蘖

续断菊的根蘖

狗牙根的根茎

黄毛草莓的根茎

水莎草的块茎

香附子的块茎

龙爪茅草的须根

狗尾草的须根

野慈姑

红花酢浆草的鳞茎

（3）传播方式多样。杂草的种子和果实具易脱落特性，部分种子甚至进化出了适应于散布的结构或附属物，可借助外力进行扩散或远距离传播。如苦苣菜和鬼针草。

苦苣菜　　　　　　　　　　　　　　　　　　鬼针草

（4）种子休眠。很多杂草种子成熟后并不立即发芽，而是要进行一段时间的休眠才能发芽，从而有效避免了因不良气候而灭种，这是长期自然选择的结果。甚至有部分杂草种子在一般情况下发芽率并不高，这也是一种保持生命的特征。

（5）种子寿命。杂草种子的寿命在土壤中很长，少则5年，多则可存活数十年。种子的"高寿"对于保存种源、繁衍后代具有重要意义。

（6）出苗、成熟期参差不齐。绝大多数杂草出苗存在不整齐性。杂草开花、种子成熟的时间很长，从而导致杂草在农业生态系统中的休眠、萌芽也不整齐，最终给防除带来巨大困难。

（7）一些杂草种子与作物种子大小、形状相似。一些杂草种子与作物种子的大小和形状非常相似，一定程度上增加了与作物种子分离的难度。

（8）苗期、成熟期与作物相似。部分区域存在杂草苗期、成熟期与作物相似的现象，因此，在农业生态系统中往往一种作物还具有几种比较固定的伴生性杂草。

（9）竞争力强。多数杂草属C₄光合作用植物，对光能、水资源及肥料的利用率较高，生长速度快，竞争力强。首先，杂草的光能利用率高，其光能利用率通常是作物的2～2.5倍；其次，水资源利用率也是作物的1.6～2.7倍，通常比作物更耐旱；再次，吸肥能力强，在草害严重的情况下，施肥仅能促进杂草生长，而达不到促进作物生长的目的；最后，生长速度快，大多数杂草对光、水及肥料的利用能力强，导致其生长也更快。

（10）适应性和抗逆性强。杂草对环境的适应性和抗逆性比农作物强，其在干旱等不良环境中仍能生存或通过休眠及缩短生育期等，提前开花结实，以保存种子进行繁衍。

（11）拟态性。很多杂草通过长期进化，形成了与作物形态相似的形状，致使人工难以分辨，增加了防除的困难。

（12）有多种授粉途径。杂草既能异花授粉，又能自花授粉，授粉的途径也多种多样，因此，具有远缘亲和性。自花授粉的杂草可以保证单独或单株存在时仍能正常受精结实，以保证物种的延续性。异花授粉的杂草有利于产生新的变异和生命力强的变种、生态种，提高其生存的能力和机会。

二、杂草的类型

分类是杂草研究及防除的基础。为了便于应用，常根据不同的需求从不同角度对杂草进行分类，常用的分类方法有按植物系统分类、按生物学特性分类、按除草剂防治类别分类及按生长习性分类等。

（一）按植物系统分类

植物系统分类是指使用传统经典植物分类学方法，按照植物的形态特征和繁殖等特性确定在进化上的亲缘关系，并根据亲缘关系的远近将某一植物纳入不同的分类阶元中，即界、门、纲、目、科、属、种。这也是使用最为系统、科学和完善的植物分类系统。

大多数杂草属种子植物门被子植物亚门，仅有少数属蕨类植物门。咖啡园杂草大多数属菊科和禾本科。

（二）按生物学特性分类

1. 异养型 以其他植物为寄主，已经部分失去或完全失去利用光合作用进行自我合成有机物的能力，而营寄生或半寄生的生活，如菟丝子和桑寄生。

寄生（菟丝子）　　　　　　　　　　　　　半寄生（桑寄生）

2. 自养型 自身可进行光合作用，合成整个营养期内所需的养料。根据生活史长短可分为多年生、二年生和一年生杂草。

（1）多年生杂草。是指寿命超过两年的杂草，一生中能多次开花结实，繁殖能力较强。依据其营养繁殖方式可分为地下根繁殖型、地下茎繁殖型、地上茎繁殖型3种类型。需要明确的是多年生杂草主要以营养器官进行无性繁殖，但也可以在一定程度上以种子进行繁殖。

①地下根繁殖型。如苣荬菜、苦荬菜、刺儿菜和田旋花等。

②地下茎繁殖型。如白茅、狗牙根、双穗雀稗、野蓟等。

③地上茎繁殖型。如鳞茎繁殖的小根蒜，匍匐茎繁殖的莲子草，块茎繁殖的香附子等。

苣荬菜　　　　　　　　　　　苦荬菜

白茅　　　　　　　　　　　狗牙根

莲子草　　　　　　　　　　　香附子

　　（2）二年生杂草。是指需度过两个完整的夏季才能完成其生育周期，一般寿命超过一年，但不超过二年的杂草。如马甲菝葜、小报春等。

（3）一年生杂草。是指在一个生命周期内只开花结实一次，进行种子繁殖，整个生命周期在一年中完成的杂草。如小蓬草、野茼蒿等。根据其生活史特点可分为越冬型、越夏型及短生活史型3种类型。

小蓬草　　　　　　　　　　　　　　　　　　　野茼蒿

①越冬型。或称冬季一年生杂草，于秋、冬季萌发，至春、夏季开花结果而完成一个生命周期。如看麦娘、碎米荠、婆婆纳和鼠曲草等。

看麦娘　　　　　　　　　　　　　　　　　　　鼠曲草

②越夏型。或称夏季一年生杂草，于春、夏季萌发，至秋天开花结实而死亡。如稗草、扁穗雀麦、藜和苋等。

③短生活史型。可在1～2个月内完成萌发、生长和繁殖整个生活史。如春蓼和小藜在部分地区3月上旬出苗，至5月即开花结实而死亡。这类杂草常为对不适环境的一种特殊适应。

| 西来稗 | 扁穗雀麦 | 小藜 |

（三）按除草剂防治类别分类

为制定科学合理的化学除草策略，按照除草剂控制的类别，一般将杂草分为禾本科杂草、莎草科杂草和阔叶类杂草（双子叶）。其简易区别方法如下表。

三大类杂草的区别

禾本科杂草	莎草科杂草	阔叶类杂草
叶片长条形 叶脉与叶缘平行 茎切面为圆形	叶片长条形 叶脉与叶缘平行 茎切面为三角形	叶片宽阔 叶脉网纹状 茎切面为圆形或方形

（四）按生长习性分类

根据对生长环境中水分及热量的需求，将杂草分为以下3种类型。

1. 水分

（1）水生型杂草。又称喜水型杂草，主要发生于水田、池塘等水生环境中，其在水中的状态又可细分为沉水、浮水及挺水等。

沉水杂草

挺水杂草　　　　　　　　　　　　　　　　　浮水杂草

（2）湿生型杂草。又称喜湿杂草，主要生长于地势低洼、湿度高的区域。

湿生型杂草

（3）旱生型杂草。包括耐旱型和喜旱型两类。

耐旱型杂草　　　　　　　　　　　　　　　　喜旱型杂草

2. 热量

（1）喜热型杂草。是指生长在热带或发生在高温夏季的杂草。

（2）喜温型杂草。是指生长在温带或发生于春秋两季的杂草。

（3）耐寒型杂草。是指生长在高寒地区的杂草。

喜热型杂草

喜温型杂草

耐寒型杂草

三、农业生态系统的杂草主要种类

（一）农田杂草的主要种类

我国幅员辽阔，地形、地貌复杂多样，气候及土壤类型等自然条件差异很大，并且农作物种类繁多，各区域的栽培耕作模式各不相同，因此形成的农业生态系统复杂多样，而杂草作为农业生态系统的重要组成部分，其种类繁多，危害严重。

全国农业生态系统考察组调查表明，我国农田杂草种类有77科580种，多以旱生型杂草为主。其中，稻田杂草129种（占比22%），旱地杂草427种（占比74%），水田和旱地均有的杂草24种（占比4%）。而这些又以一年生杂草占比最高（占比48%，计278种）；其次为多年生杂草，计243种（占比42%）；越年生杂草59种（占比10%）。从植物分类阶元科级水平来看，以菊科种类最多，计77种（占比13%）；禾本科次之，计66种（占比11%）；莎草科居第3位，计35种（占比6%）；唇形科、豆科、蓼科、石竹科、藜科、十字花科、玄参科、蔷薇科、伞形科种类介于10~30种；其余科种类较少，低于10种。

根据每种杂草出现的频率，全国范围发生的常见杂草有120种，区域性发生的常见杂草有135种，共计55科255种。在这些杂草中，稻田杂草62种（占比24%），旱地杂草177种（占比69%）；按自养型划分，一年生杂草占比最高，多年生杂草次之，越年生杂草种类最少，分别为149种、78种和28种。从科级分类阶元看，以禾本科种类最多，菊科次之，其余科均少于20种。

不同种类杂草对农作物的危害程度不同。从防除角度看，其重要性也有所差异。依据危害程度和防除重要性，可将杂草分为四大类，第一类为重要杂草，指全国或多数省份范围内普遍危害，并对农作物危害严重的杂草种类；第二类为主要杂草，指危害范围广，对农作物危害程度较为严重的杂草种类；第三类为地域性主要杂草，指在局部地区对当地农作物危害较严重的杂草种类；第四类为次要杂草，指一般不对农作物造成严重危害的常见杂草种类。

农田杂草危害生态照

（二）咖啡园的主要杂草种类

云南省是我国最重要的小粒咖啡种植区，其小粒咖啡种植区域涉及9市（州）33县（市、区）。自2008年首次对云南省咖啡园杂草种类开展调查以来，截至2024年5月（含本书记录的228种），笔者团队共采集杂草75科335种，其中多为旱生型杂草。而从生活型来看，335种杂草共分为7个生活型，即一年生草本、一年或二年生草本、一年或多年生草本、一年或越年生草本、二年生草本、二年或多年生草本以及多年生草本，其中，一年生草本122种、一年或二年生草本9种、一年或多年生草本8种、一年或越年生草本3种、二年生草本2种、二年或多年生草本1种以及多年生草本190种。由此可知，在咖啡园中以多年生杂草种类最为丰富，一年生杂草种类次之。从科级分类阶元看，以菊科种类最为丰富，共49种；禾本科杂草种类次之，共44种；其余73科每科杂草种类低于30种。

　　从杂草对咖啡植株生长、产量稳定的影响及防除角度来看，335种杂草的重要性也有所差异。其中，重要杂草仅包括飞机草、狗尾草、莲子草、马唐、鬼针草、香附子及紫茎泽兰7种，上述7种杂草在云南省咖啡园发生普遍，几乎全省咖啡种植区均有发生，对咖啡植株危害严重；艾、凹头苋、白背枫、白茅、白羊草等25种杂草为咖啡园主要杂草，危害范围广，对咖啡植株危害较为严重；棕叶芦、圆叶牵牛、水茄、小赤麻等68种杂草为咖啡园地域性主要杂草，仅在局部地区的咖啡园对咖啡植株危害较严重；白花地胆草、白花蛇舌草、白绒草等共计235种杂草为咖啡园次要杂草，一般不对咖啡植株造成严重危害。

咖啡园杂草危害生态照

四、杂草的种群和群落

（一）种群和群落

　　单纯一株（单株）为一个个体，生境中的生物往往以由多个个体组成的群体的形式存在。在一定空间范围内同时生活着的同一物种所有个体的集合称为种群。在相同时间聚集在一定地域或生境中各种生物种群的集合称为群落。

单株

种群   群落

（二）杂草的群落动态

杂草的种类、密度、分布及生长状况是群落的四大构成因子。杂草种类直接决定了杂草的群落性状，由一种杂草构成的群落是纯合群落，由多种杂草构成的群落是混合群落。密度决定了群落的大小与强弱。每种杂草群落都有上限密度和下限密度，上限密度是杂草群落所能容纳的最高密度，反之，下限密度是杂草群落维持世代延续所需的最低密度。群落中植株的分布状况主要影响群体的增长速度，通常，均匀分布有利于个体生育和群体增长。群落中个体生长状况主要反映植物的健康程度、死亡率及叶龄等。

（三）杂草群落演替

在多种生物和非生物因素的共同作用下，农业生态系统中的杂草群落不但会在体积上随着季节和年份的变动而发生量的增减，而且会在结构上发生质的变异。表现在杂草群落中各物种的优势度发生了变化，老物种被新物种取代，群落随之发生巨大变化。杂草群落在结构上发生的这种变异称为演替。演替可以是内因引发的（自发演替），也可是外因导致的（异发演替）。自发演替是由群落自身的因素如遗传变异、种内竞争及生态适应性提升或下降等引起的，在撂荒地中这种演替现象非常普遍。异发演替是由外界的生物或非生物因素引起的，也是农业生态系统中一种重要的演替方式。通常引起农业生态系统异发演替的因素有以下七个。

（1）杂草繁殖器官的传播。杂草繁殖器官的传播，尤其是种子的传播，常是导致群落演替的主要原因。风、水及人为活动等作为远距离传播的关键媒介，使得杂草快速地定植、繁殖，从而改变当地的杂草群落构成。

（2）土壤肥力。土壤肥力可通过改变物种间的竞争关系而使得群落发生不断地演替。如氮肥可一定程度制约厌氮杂草类的生长，但也可以使得喜氮杂草类不断滋生危害。

（3）土壤湿度。增加土壤湿度可以使杂草群落不断向喜湿类杂草群落演替，相反，持续的干旱则会使杂草群落向耐旱型杂草群落演替。

（4）土壤pH。土壤pH的变化也会致使杂草群落不断演替，pH升高会导致植物群落向繁缕、婆婆纳等耐碱型杂草演替，相反酸模、反枝苋等耐酸型杂草会逐渐地减少。

（5）轮作和种植制度。作物的播种期、群体密度、水肥管理制度及有害生物防控技术等均会对杂草群落产生影响。轮作时这些因素就会交替出现，从而一定程度改变农业生态系统的小生境，进而直接影响杂草群落的演替。而轮作方式、轮作组合及轮作周期等均可不同程度地影响杂草群落。研究表明，以中耕为主的轮作组合，可导致杂草群落向一年生杂草群落方向演替；而以禾本科作物为主的轮作组合，则会导致杂草群落向禾本科演变。

（6）土壤耕作。杂草对土壤耕作的反应和耐受性也不同。提高田间耕作强度，必然会导致杂草群落向一年生型演替，反之，耕作强度的降低必然导致杂草群落向多年生型演替。

（7）除草剂的使用。长期使用一种选择性除草剂是导致杂草群落演替的重要因素。如长时间使用阔叶类杂草选择性除草剂会导致杂草群落向禾本科杂草或莎草科杂草群落演替，从而迫使人们选择使用禾本科杂草除草剂。

第二章　咖啡园杂草种类

菝葜科 Smilacaceae

1. 马甲菝葜 *Smilax lanceifolia* Roxb.

【形态特征】茎长1～2m，枝条具细条纹，无刺或少具疏刺。叶通常纸质，卵状矩圆形、狭椭圆形至披针形，长6～17cm，宽2～8cm，先端渐尖或骤凸，基部圆形或宽楔形，表面无光泽或稍有光泽，干后暗绿色，有时稍变淡黑色，除中脉在上面稍凹陷外，其余主、支脉浮凸；叶柄长1～2.5cm，狭鞘占叶柄全长的1/5～1/4，一般有卷须，脱落点位于近中部。伞形花序通常单个生于叶腋，具几十朵花，极少两个伞形花序生于一个共同的总花梗上；总花梗通常短于叶柄，果期可与叶柄等长，近基部有一关节，在着生点的上方有一枚鳞片；花序托稍膨大，果期近球形；花黄绿色；雄花外花被片长4～5mm，宽约1mm，内花被片稍狭；雄蕊与花被片近等长或稍长，花药近矩圆形；雌花比雄花小一半，具6枚退化雄蕊。浆果直径6～7mm，有1～2粒种子。种子无沟或有时有1～3道纵沟。

【生物学特性】多年生植物，花期10月至翌年3月，果期10月。

【分布与危害】产于江西、浙江、广东、广西、四川、云南和贵州，生于海拔500～2 000m的林下或山坡阴处。为咖啡园次要杂草，轻度危害。

植株

茎

茎尖

叶

白花菜科Cleomaceae

2. 皱子鸟足菜 *Cleome rutidosperma* DC.

【形态特征】茎直立、开展或平卧，分枝疏散，高达90cm，无刺，茎、叶柄及叶背脉上疏被无腺疏长柔毛，有时近无毛。叶具3小叶，叶柄长2～20mm；小叶椭圆状披针形，有时近斜方状椭圆形，顶端急尖或渐尖、钝形或圆形，基部渐狭或楔形，几无小叶柄，边缘有具纤毛的细齿，中央小叶最大，长1～2.5cm，宽5～12mm，侧生小叶较小，两侧不对称。花单生于茎上部叶具短柄、叶片较小的叶腋内，常2～3花连接着生在2～3节上形成开展有叶而间断的花序；花梗纤细，长1.2～2cm，果时长约3cm；萼片4，绿色，分离，狭披针形，顶端尾状渐尖，长约4mm，背部被短柔毛，边缘有纤毛；花瓣4，新鲜标本上2个中央花瓣中部有黄色横带，2个侧生花瓣颜色一样，顶端急尖或钝形，有小凸尖头，基部渐狭延成短爪，长约6mm，宽约2mm，近倒披针状椭圆形，全缘，两面无毛；花盘不明显，花托长约1mm；雄蕊6枚，花丝长5～7mm，花药长1.5～2mm；雌蕊柄长1.5～2mm，果时长4～6mm；子房线柱形，长5～13mm，无毛，有些花中子房不育，长仅2～3mm；花柱短而粗，柱头头状。果线柱形，表面平坦或微呈念珠状，两端变狭，顶端有喙，长3.5～6cm，中部直径3.5～4.5mm；果瓣质薄，有纵向近平行脉，常自两侧开裂。种子近圆形，直径1.5～1.8mm，背部有20～30条横向脊状皱纹，皱纹上有细乳状突起，爪开张，彼此不相连，爪的腹面边缘有一条白色假种皮带。

【生物学特性】一年生草本，以种子进行繁殖。花果期6～9月。

【分布与危害】原分布于云南西部、台湾，生于路旁草地、荒地、苗圃、农场。为咖啡园次要杂草，轻度危害。

植株

叶　　　　　　　　　　　　　　　　花

果实

报春花科 Primulaceae

　　【形态特征】茎直立，株高30～60cm，圆柱形，多分枝，密被褐色无柄腺体。叶互生，狭披针形至线形，长2～7cm，宽2～8mm，先端锐尖，基部楔形，上面绿色，下面粉绿色，有褐色腺点；叶柄短，长约0.5mm。总状花序顶生，初时因花密集而成圆头状，后渐伸长，果时长4～13cm；苞片钻形，长5～6mm；花梗长5～10mm；花萼长2.5～3mm，下部合生达全长的1/3或近1/2，裂片狭三角形，边缘膜质；花冠白色，长约5mm，基部合生仅0.3mm，近于分离，裂片匙形或倒披针形，先端圆钝；雄蕊比花冠短，花丝贴生于花冠裂片的近中部，分离部分长约0.5mm；花药卵圆形，长约1mm；花粉粒具3孔沟，长球形，表面具网状纹饰；子房无毛，花柱长约2mm。蒴果球形，直径2～3mm。

　　【生物学特性】一年生草本，以种子进行繁殖。春节期间萌发，6～7月开花，7月以后种子陆续成熟，生育期较长。

　　【分布与危害】在吉林、辽宁、四川、云南等地有分布，多见于山坡荒地、路旁、旱地及田埂。咖啡园及苗圃常见，为咖啡园次要杂草，轻度危害。

茎

茎尖

叶

花序

4. 小报春 *Primula forbesii* Franch.

【形态特征】具细弱的根状茎和多数须根。叶通常多数簇生，叶片矩圆形、椭圆形或卵状椭圆形，通常长1～3.5cm，宽0.5～2.5cm，先端圆形，基部截形或浅心形，边缘通常圆齿状浅裂，裂片具牙齿，上面疏被多细胞柔毛，下面散布球状小腺体，主要沿叶脉被毛，中肋稍宽，侧脉4～5对，在下面明显；叶柄具狭翅，被白色多细胞柔毛。花莛1枚至多枚自叶丛中抽出，高6～13cm，下半部被多细胞柔毛，上半部被短柔毛或变无毛，近顶端被橄榄色粉；伞形花序1～2轮，很少3～4轮，每轮4～8花；苞片披针形，长2.5～5.5mm，先端锐尖，多少被粉；花梗直立，长6～20mm，果时长可至30mm，被小腺体；花萼钟状，长3～4.5mm，外面被橄榄色或黄绿色粉，分裂近达中部，裂片三角形，先端锐尖；花冠粉红色，冠筒长4.5～5.5mm，

植株

仅稍长于花萼，冠檐直径约1cm，裂片阔倒卵形，先端具深凹缺。长花柱花：雄蕊着生处距冠筒基部约1.5mm，花柱长约3mm，仅稍高出花萼。短花柱花：雄蕊着生处距冠筒基部约3mm，花柱长约1mm。蒴果球形，短于宿存花萼。

【生物学特性】二年生草本，以块状茎或种子进行繁殖。花期2～3月。

【分布与危害】产于云南，生长于林下、水沟边和湿润岩石上，海拔1 500～2 000m。仅在普洱咖啡产区发现该草，为咖啡园次要杂草，轻度危害。

茎　　　　　　　　　　　　　　　　　　　叶

花序

车前科 Plantaginaceae

5. 大车前 *Plantago major* L.

【形态特征】须根多数，根茎粗短。叶基生呈莲座状，平卧、斜展或直立；叶片草质、薄纸质或纸质，宽卵形至宽椭圆形，长3～30cm，宽2～21cm，先端钝尖或急尖，边缘波状，疏生不规则牙齿或近全缘，两面疏生短柔毛或近无毛，少数被较密的柔毛；叶柄长，基部鞘状，常被毛。花序1

个至数个；花序梗直立或弓曲上升，有纵条纹，被短柔毛或柔毛；穗状花序细圆柱状，基部常间断；苞片宽卵状三角形，长1.2～2mm，宽与长约相等或略超过，无毛或先端疏生短毛，龙骨突宽厚。花无梗；花萼长1.5～2.5mm，萼片先端圆形，无毛或疏生短缘毛，边缘膜质，龙骨突不达顶端，前对萼片椭圆形至宽椭圆形，后对萼片宽椭圆形至近圆形。花冠白色，无毛，冠筒等长或略长于萼片，裂片披针形至狭卵形，长1～1.5mm，于花后反折。雄蕊着生于冠筒内面近基部，与花柱明显外伸，花药椭圆形，长1～1.2mm，通常初为淡紫色，稀白色，干后变淡褐色。胚珠12～40余个。蒴果近球形、卵球形或宽椭圆球形，长2～3mm，于中部或稍低处周裂。种子卵形、椭圆形或菱形，长0.8～1.2mm，具角，腹面隆起或近平坦，黄褐色；子叶背腹向排列。

【**生物学特性**】多年生草本，以种子或根芽进行繁殖。春秋两季出苗，花果期5～9月。

【**分布与危害**】遍及云南、四川、贵州、广西、广东等地，喜低湿生境。为咖啡园常见杂草，但数量不多，属咖啡园次要杂草，轻度危害。

植株

花序

6. 平车前 *Plantago depressa* Willd.

【**形态特征**】直根长，具多数侧根，多少肉质。根茎短。叶基生呈莲座状，平卧、斜展或直立；叶片纸质，椭圆形、椭圆状披针形或卵状披针形，长3～12cm，宽1～3.5cm，先端急尖或微钝，边缘具浅波状钝齿、不规则锯齿或牙齿，基部宽楔形至狭楔形，下延至叶柄，脉5～7条，上面略凹陷，于背面明显隆起，两面疏生白色短柔毛；叶柄长2～6cm，基部扩大成鞘状。花序3～10余个；花序梗长5～18cm，有纵条纹，疏生白色短柔毛；穗状花序细圆柱状，上部密集，基部常间断，长6～12cm；苞片三角状卵形，长2～3.5mm，内凹，无毛，龙骨突宽厚，宽于两侧片，不延至或延至顶端。花萼长2～2.5mm，无毛，龙骨突宽厚，不延至顶端，前对萼片狭倒卵状椭圆形至宽椭圆形，后对萼片倒卵状椭圆形至宽椭圆形。花冠白色，无毛，冠筒等长或略长于萼片，裂片极小，椭圆形或卵形，长0.5～1mm，于花后反折。雄蕊着生于冠筒内面近顶端，同花柱明显外伸，花药卵状椭圆形或宽椭圆形，长0.6～1.1mm，先端具宽三角状小突起，新鲜时白色或绿白色，干后变淡褐色。胚珠5枚。蒴果卵状椭圆形至圆锥状卵形，长4～5mm，于基部上方周裂。种子4～5粒，椭圆形，腹面平坦，长1.2～1.8mm，黄褐色至黑色；子叶背腹向排列。

【生物学特性】一年生或二年生草本，以种子进行繁殖。花期5～7月，果期7～9月。

【分布与危害】分布于黑龙江、吉林、辽宁、内蒙古、河北、山西、陕西、宁夏、甘肃、青海、新疆、山东、江苏、河南、安徽、江西、湖北、四川、云南、西藏等地，多见于海拔4 500m以下的草地、河滩、沟边、草甸、田间及路旁。为咖啡园常见杂草，轻度危害。

植株

叶

穗状花序

花

唇形科 Lamiaceae

7. 白绒草 *Leucas mollissima* Wall.

【形态特征】株高可达1m，通常0.5m左右。茎纤细，扭曲，多分枝，四棱形，略具沟槽，被贴生茸毛状长柔毛，节间伸长。叶卵圆形，长1.5 ~ 4cm，宽1 ~ 2.3cm，通常枝条下部叶大，渐向枝条上端变小而成苞叶状，先端锐尖，基部宽楔形至心形，边缘有具微尖头的圆齿状锯齿，纸质，两面均密被柔毛状茸毛，上面绿色，具皱纹，下面淡绿色，毛被密集而发白；叶柄短，密被茸毛。轮伞花序腋生，分布于枝条中部至上部，球状，多花密集，其下承以稀疏的苞片；苞片线形，密被长柔毛。花萼管状。花冠白、淡黄至粉红色。雄蕊4枚。花柱与雄蕊略等长，先端不等2裂。花盘等大。小坚果卵珠状三棱形，黑褐色。

【生物学特性】多年生直立草本，以种子进行繁殖。花期5 ~ 10月，花后见果。

【分布与危害】分布于云南、广西西部及贵州西部，多见于海拔750 ~ 2 000m的阳性灌丛、路旁、草地及荫蔽和溪边的润湿地上。为咖啡园次要杂草，轻度危害。

植株

茎

茎尖

叶

8. 寸金草 *Clinopodium megalanthum* (Diels) C. Y. Wu & S. J. Hsuan ex H. W. Li

【形态特征】茎多数，自根茎生出，高可达60cm，基部匍匐生根，简单或分枝，四棱形，具浅槽，常染紫红色，极密被白色平展刚毛，下部较疏，节间伸长，比叶片长很多。叶三角状卵圆形，长1.2 ~ 2cm，宽1 ~ 1.7cm，先端钝或锐尖，基部圆形或近浅心形，边缘为圆齿状锯齿，上面榄绿色，被白色纤毛，近边缘较密，下面较淡，主要沿各级脉上被白色纤毛，余部有不明显小凹腺点，侧脉4～5对，与中脉在上面微凹陷或近平坦，下面带紫红色，明显隆起；叶柄极短，长1～3mm，常带紫红色，密被白色平展刚毛。轮伞花序多花密集，半球形，花时连花冠径达3.5cm，生于茎、枝顶部，向上聚集；苞叶叶状，下部的略超出花萼，向上渐变小，呈苞片状，苞片针状，具肋，与花萼等长或略短，被白色平展缘毛及微小腺点，先端染紫红色。花萼圆筒状，开花时长约9mm，13脉，外面主要沿脉上被白色刚毛，余部满布微小腺点，内面在喉部以上被白色疏柔毛，果时基部稍一边膨胀，上唇3齿，齿长三角形，多少外反，先端短芒尖，下唇2齿，齿与上唇近等长，三角形，先端长芒尖。花冠粉红色，较大，长1.5～2cm，外面被微柔毛，内面在下唇下方具二列柔毛，冠筒十分伸出，基部宽1.5mm，自伸出部分向上渐扩大，至喉部宽达5mm，冠檐二唇形，上唇直伸，先端微缺，下唇3裂，中裂片较大。雄蕊4枚，前对较长，均延伸至上唇下，几不超出，花药卵圆形，2室，室略叉开。花柱微超出上唇片，先端不相等2浅裂，裂片扁平。花盘平顶。子房无毛。小坚果倒卵形，长约1mm，宽约0.9mm，褐色，无毛。

【生物学特性】多年生草本，以种子和匍匐茎进行繁殖。花期7～9月，果期8～11月。

【分布与危害】产于云南、四川南部及西南部、湖北西南部及贵州北部，生于海拔1300～3200m的山坡、草地、路旁、灌丛中及林下。为咖啡园次要杂草，轻度危害。

植株

茎

叶

花

9. 大籽筋骨草 *Ajuga macrosperma* Wall. ex Benth.

【形态特征】直立，有时具匍匐茎，高15～40cm或稍高。茎四棱形，有槽，被疏柔毛或老时近无毛，基部略木质化，幼部被浓密的白色长柔毛。叶柄长2～5cm或更长，具狭翅，有时呈紫绿色，被疏柔毛；叶片纸质，倒披针形、卵状披针形或椭圆状卵形，长4～10cm，宽1.8～4.5cm，有时长15cm，宽6.5cm，先端钝或急尖，基部楔形，下延，边缘具波状齿或不规则的波状圆齿，具缘毛，两面被长柔毛或糙伏毛，下面以脉上为多。轮伞花序具6～12花，多数在茎、枝中上部着生，渐向上而密集，组成穗状花序；苞叶下部者与茎叶同形，但较小，上部渐变小，呈苞片状，卵状披针形，稍超出轮伞花序；花梗极短或几无。花萼漏斗状，长5～6mm，外面在脉上及萼齿被长糙伏毛，内面无毛，具10脉，萼齿5，卵形或阔卵形，长为花萼的1/3或略短，边缘具灰白色长柔毛状缘毛。花冠蓝色、蓝紫色或紫色，筒状，长7～9mm，斜出，近中部略弯曲，外面被疏柔毛，内面近基部有毛环，冠檐二唇形，上唇长圆形，直立，先端2浅裂，裂片近卵形，下唇伸长，3裂，中裂片狭心形，先端微缺，侧裂片与上唇等长或略长，长圆形。雄蕊4枚，二强，伸出花冠很多，弯卷，花丝无毛。花柱细弱，伸出花冠很多，弯卷，无毛，先端2浅裂，裂片细尖。花盘环状，裂片不明显，前面呈指状膨大。子房4裂，无毛。小坚果倒卵状三棱形，背部具极显著的网状皱纹，腹部具果脐，果脐占腹面的2/3～3/4。

【生物学特性】一年生草本，以种子进行繁殖。花期1～3月，果期3～5月或略晚。

植株　　　　　　　　　　　　　　　　　　叶

花序　　　　　　　　　　　　　　　　　　花

【分布与危害】分布于云南东南部、南部及西南部，贵州，广西，广东，台湾；生于林下阴湿处、水沟边及路边草丛中，海拔350～1 750m，有时可达海拔2 600m。仅在云南省怒江州咖啡园发现，为咖啡园次要杂草，轻度危害。

10. 广防风 *Anisomeles indica* (L.) Kuntze

【形态特征】茎高1～2m，四棱形，具浅槽，密被白色贴生短柔毛。叶阔卵圆形，长4～9cm，宽2.5～6.5cm，先端急尖或短渐尖，基部截状阔楔形，边缘有不规则的牙齿，草质，上面榄绿色，被短伏毛，脉上尤密，下面灰绿色，有极密的白色短茸毛，在脉上的较长，叶柄长1～4.5cm；苞叶叶状，向上渐变小，均超出轮伞花序，具短柄或近无柄。轮伞花序在主茎及侧枝的顶部排列成稠密的或间断的直径约2.5cm的长穗状花序；苞片线形，长3～4mm。花萼钟形，长约6mm，外面被长硬毛及混生的腺柔毛，其间杂有黄色小腺点，内面有稀疏的细长毛，10脉，不明显，下部有多数纵向细脉，上部有横脉网结，齿5，三角状披针形，长约2.7mm，边缘具纤毛，有时紫红色，果时增大。花冠淡紫色，长约1.3cm，外面无毛，内面在冠筒中部有斜向间断小疏柔毛毛环，冠筒基部宽约1.7mm，向上渐变宽大，至口部宽3.5mm，冠檐二唇形，上唇直伸，长圆形，长4.5～5mm，宽3mm，全缘，下唇几水平扩展，长9mm，宽5mm，3裂，中裂片倒心形，长约3mm，宽约4.5mm，边缘微波状，内面中部具髯毛，侧裂片较小，卵圆形。雄蕊伸出，近等长，前对稍长或有时后对较

植株 　　　　　　　　　　茎

叶 　　　　　　　　　　　果实

长，花丝扁平，两侧边缘膜质，被小纤毛，粘连，前对药室平行，后对药室退化成1室。花柱丝状，无毛，先端相等2浅裂，裂片钻形。花盘平顶，具圆齿。子房无毛。小坚果黑色，具光泽，近圆球形，直径约1.5mm。

【生物学特性】多年生草本，以种子进行繁殖。花期8～9月，果期9～11月。

【分布与危害】分布于广东、广西、贵州、湖南、云南、西藏东南部等地，生于热带及南亚热带地区海拔40～2 400m的林缘或路旁等荒地上。为咖啡园地域性杂草，中度危害。

11. 鸡骨柴 *Elsholtzia fruticosa* (D. Don) Rehder

【形态特征】高达2m，多分枝。幼枝被白色卷曲柔毛，老时脱落无毛。叶披针形或椭圆状披针形，先端渐尖，基部窄楔形，基部以上具粗锯齿，上面被糙伏毛，下面被弯曲短柔毛，两面密被黄色腺点，侧脉6～8对。叶柄短或近无。穗状花序圆柱形；苞片披针形或钻形；花梗长0.5～2mm；花萼钟形，被灰色短柔毛，萼齿三角状钻形；花冠白或淡黄色，被卷曲柔毛及黄色腺点，内面具毛环。小坚果褐色，长圆形，腹面具棱。

【生物学特性】多年生草本，以种子进行繁殖。花期7～9月，果期10～11月。

【分布与危害】分布于四川、云南，多见于高海拔地区的林中或石灰岩山上。为咖啡园次要杂草，轻度危害。

| 茎 | 茎尖 | 叶 |

花序

花

12. **荔枝草** *Salvia plebeia* R. Br.

【形态特征】主根肥厚，向下直伸，有多数须根。茎直立，高15～90cm，粗壮，多分枝，被向下的灰白色疏柔毛。叶椭圆状卵圆形或椭圆状披针形，长2～6cm，宽0.8～2.5cm，先端钝或急尖，基部圆形或楔形，边缘具圆齿、牙齿或尖锯齿，草质，上面被稀疏的微硬毛，下面被短疏柔毛，余部散布黄褐色腺点；叶柄长4～15mm，腹凹背凸，密被疏柔毛。轮伞花序6花，多数，在茎、枝顶端密集组成总状或圆锥花序，花序长10～25cm，结果时延长；苞片披针形，长于或短于花萼；先端渐尖，基部渐狭，全缘，两面被疏柔毛，下面较密，边缘具缘毛；花梗长约1mm，与花序轴被疏柔毛。花萼钟形，长约2.7mm，外面被疏柔毛，散布黄褐色腺点，内面喉部有微柔毛，二唇形，唇裂约至花萼长的1/3，上唇全缘，先端具3个小尖头，下唇深裂成2齿，齿三角形，锐尖。花冠淡红、淡紫、紫、蓝紫至蓝色，稀白色，长4.5mm，冠筒外面无毛，内面中部有毛环，冠檐二唇形，上唇长圆形，长约1.8mm，宽1mm，先端微凹，外面密被微柔毛，两侧折合，下唇长约1.7mm，宽3mm，外面被微柔毛，3裂，中裂片最大，阔倒心形，顶端微凹或呈浅波状，侧裂片近半圆形。能育雄蕊2枚，着生于下唇基部，略伸出花冠外，花丝长1.5mm，药隔长约1.5mm，弯成弧形，上臂和下臂等长，上臂具药室，二下臂不育，膨大，互相连合。花柱和花冠等长，先端不相等2裂，前裂片较长。花盘前方微隆起。小坚果倒卵圆形，直径0.4mm，成熟时干燥，光滑。

植株

【生物学特性】一年生或二年生草本，以种子进行繁殖。花期4～5月，果期6～7月。

【分布与危害】除新疆、甘肃、青海及西藏外几产全国各地，多见于海拔2 800m以下山坡、路旁、沟边、田野潮湿等区域。为咖啡园次要杂草，轻度危害。

花序

果实

13. **水香薷** *Elsholtzia kachinensis* Prain

【形态特征】茎平卧，被柔毛，常于下部节上生不定根，有分枝。叶卵圆形或卵圆状披针形，先端急尖或钝，基部宽楔形，边缘在基部以上具圆锯齿，草质，上面绿色，沿中脉被微柔毛，余部极疏被小柔毛，下面淡绿色，极疏被小柔毛，全面密布腺点；叶柄背腹扁平，疏被具节小柔毛。穗状花序于茎及枝上顶生，开花时常作卵球形，在果时延长成圆柱形，由具4～6花的轮伞花序组成，密集而偏向一侧；苞片阔卵形；花梗与序轴被疏柔毛。花萼管状，外被疏柔毛及腺点，萼齿5，近相等，披针状三角形，先端刺状，齿与萼筒近等长。花冠白至淡紫或紫色，外面被疏柔毛，内面无毛。小坚果长圆形，栗色，被微柔毛。

【生物学特性】多年生草本，以种子或茎进行繁殖。花、果期10～12月。

【分布与危害】分布于江西、湖南、广东、广西、四川及云南，多生于海拔1 200～2 800m的河边、路旁、林下、山谷中或水中。为咖啡园次要杂草，轻度危害。

茎

茎尖

花序

果实

14. 铁轴草 *Teucrium quadrifarium* Buch.-Ham.

【形态特征】茎直立，基部常聚结成块状，株高30～110cm，常不分枝，近圆柱形，被浓密向上的金黄色、锈棕色或艳紫色的长柔毛或糙毛。叶柄长一般不超过1cm，向上渐近无柄，叶片卵圆形或长圆状卵圆形，茎上部及分枝上的变小，先端钝或急尖，有时钝圆，基部近心形、截平或圆形，边缘为有重齿的细锯齿或圆齿，上面被平贴的短柔毛，下面脉上与叶柄被有与茎上毛同一式而较短的长柔毛，余部为灰白色的茸毛或密生的短柔毛，侧脉4～6对。假穗状花序由密集或有时较疏松的具2花的轮伞花序所组成；苞片极发达，菱状三角形或卵圆形，先端渐尖或尾状渐尖，疏被长柔毛。花萼钟形，被长柔毛或短柔毛，萼齿5，呈二唇形。花冠淡红色。小坚果倒卵状近圆形，暗栗棕色，背面具网纹。

【生物学特性】多年生草本，以种子进行繁殖。花期7～9月。

【分布与危害】分布于福建、湖南、贵州、江西、广东、广西、云南，生于海拔350～2 400m的山地阳坡上、林下及灌丛中。为咖啡园次要杂草，轻度危害。

植株

茎

叶

花

15. 西南水苏 *Stachys kouyangensis* (Vaniot) Dunn

【形态特征】高约50cm，有在节上生须根的匍匐根茎。茎纤细，曲折，基部伏地，单一或多分枝，四棱形，具槽，在棱及节上被刚毛。茎叶三角状心形，长约3cm，宽约2.5cm，先端钝，基部心形，边缘具圆齿，两面均被或疏或密的刚毛，叶柄近于扁平，长约1.5cm，被刚毛；苞叶向上渐变小，位于最下部的与茎叶同形，上部者卵圆状三角形，几无柄，边缘有疏圆齿，长不及萼筒。轮伞花序5～6花，远离，于枝顶组成不密集的穗状花序；苞片微小，线状披针形，长约1mm，被微柔毛。花梗极短，长不及1mm，被微柔毛。花萼倒圆锥形，短小，连齿长约6mm，外被小刚毛，内面无毛，10脉，显著，齿5，正三角形，长宽约2mm，先端具长约1mm的刺尖头。花冠浅红至紫红色，长约1.5cm，冠筒长约1.1cm，近等粗，外面在伸出萼筒上方被微柔毛，内面近基部1/3处有斜向在顶端不连续的微柔毛环，在毛环上前方呈浅囊状膨大，冠檐二唇形，上唇直伸，长圆状卵圆形，长4mm，宽3mm，外面被微柔毛，内面无毛，下唇平展，外面被微柔毛，内面无毛，轮廓近圆形，长、宽均约6mm，3裂，中裂片圆形，径3.5mm，侧裂片卵圆形，径约1.5mm。雄蕊4枚，前对较长，均延伸至上唇片之下，花丝丝状，被微柔毛，花药卵圆形，2室，室极叉开。花柱丝状，略短于雄蕊，先端相等2浅裂。花盘杯状，具圆齿。小坚果卵珠形，径约1.5mm，棕色，无毛。

【生物学特性】多年生草本，以种子进行繁殖。花期通常7～8月，果期9月，亦有延至11月开花结果。

【分布与危害】分布于云南、贵州、四川及湖北，多见于海拔900～2 800m的山坡草地、旷地及潮湿沟边。为高海拔咖啡园特有杂草，属咖啡园次要杂草，轻度危害。

植株

茎

叶

花序

花

16. 细叶益母草 *Leonurus sibiricus* L.

【形态特征】有圆锥形的主根。茎直立，高20～80cm，钝四棱形，微具槽，有短而贴生的糙伏毛，单一，或多数从植株基部发出，不分枝，或于茎上部分枝，稀在茎下部分枝。茎最下部的叶早落，中部的叶轮廓为卵形，基部宽楔形，掌状3全裂，裂片呈狭长圆状菱形，其上再羽状分裂成3裂的线状小裂片，小裂片宽1～3mm，上面绿色，疏被糙伏毛，叶脉下陷，下面淡绿色，被疏糙伏毛及腺点，叶脉明显凸起且呈黄白色，叶柄纤细，长约2cm，腹面具槽，背面圆形，被糙伏毛；花序最上部的苞叶轮廓近于菱形，3全裂成狭裂片，中裂片通常再3裂，小裂片均为线形，宽1～2mm。轮伞花序腋生，多花，花时轮廓为圆球形，径3～3.5cm，多数，向顶渐次密集组成长穗状；小苞片刺状，向下反折，比萼筒短，长4～6mm，被短糙伏毛；花梗无。花萼管状钟形，长8～9mm，外面在中部密被柔毛，

植株

茎

叶

花序

果实

余部贴生微柔毛，内面无毛，脉5，显著，齿5，前2齿靠合，稍开张，钻状三角形，具刺尖，长3～4mm，后3齿较短，三角形，具刺尖，长2～3mm。花冠粉红至紫红色。雄蕊4枚，均延伸至上唇片之下，平行，前对较长，花丝丝状，扁平，中部疏被鳞状毛，花药卵圆形，2室。花柱丝状，略超出雄蕊，先端相等2浅裂，裂片钻形。花盘平顶。小坚果长圆状三棱形，长2.5mm，顶端截平，基部楔形，褐色。

【生物学特性】一年生或二年生草本，以种子进行繁殖。花期7～9月，果期9月。

【分布与危害】分布于内蒙古、河北、山西及陕西等省份，生于石质及沙质草地上及松林中，海拔可达1 500m。为咖啡园次要杂草，轻度危害。

17. 野草香 *Elsholtzia cyprianii* (Pavol.) S. Chow ex P. S. Hsu

【形态特征】株高0.1～1m，茎、枝绿色或紫红色，钝四棱形，具浅槽，密被下弯短柔毛；枝及茎密被倒向短柔毛。叶卵形或长圆形，长2～6.5cm，先端尖，基部宽楔形，下延至叶柄，具圆齿状锯齿，上面被微柔毛，下面密被短柔毛及腺点；叶柄长0.2～2cm，上部具三角形窄翅，密被短柔毛。穗状花序圆柱形，长2.5～10.5cm，被短柔毛；苞片线形，长3mm；花梗长约0.5mm；花萼管状钟形，长约2mm，密被短柔毛，内面齿稍被微柔毛；花冠淡红色，长约2mm，被微柔毛，冠筒漏斗形，喉部径1.5mm；上唇全缘或稍微缺。小坚果黑褐色，长圆状椭圆形，稍被毛。

植株   茎

叶   花序

【生物学特性】一年生草本，以种子进行繁殖。花果期8～11月。

【分布与危害】分布于陕西、河南、安徽、湖北、湖南、贵州、四川、广西、云南，多见于海拔2 900m以下的田边、路旁、河谷两岸、林中或林边草地。为部分咖啡园特有杂草，属咖啡园次要杂草，轻度危害。

18. 野生紫苏 *Perilla frutescens* var. *purpurascens* (Hayata) H. W. Li

【形态特征】茎绿色或紫色，钝四棱形，具四槽，密被短柔毛。叶较小，卵形，两面被疏柔毛，下面被贴生柔毛，叶柄背腹扁平，密被长柔毛。轮伞花序2花，果萼小，长4～5.5mm，下部被疏柔毛。小坚果近球形，灰褐色，具网纹。

【生物学特性】一年生草本，以种子进行繁殖。花期8～11月，果期8～12月。

【分布与危害】分布于山西、河北、湖北、江西、浙江、江苏、福建、台湾、广东、广西、云南、贵州及四川等省份，生于山地路旁、村边荒地，或栽培于舍旁。为咖啡园次要杂草，轻度危害。

植株

叶

花序

花

大戟科 Euphorbiaceae

19. 蓖麻 *Ricinus communis* L.

【形态特征】株高达5m；小枝、叶和花序通常被白霜，茎多液汁。叶轮廓近圆形，掌状7～11裂，裂片边缘具锯齿；掌状脉7～11条。网脉明显；叶柄粗壮，顶端具2枚盘状腺体，基部具盘状腺体；托叶长三角形。总状花序或圆锥花序；苞片阔三角形；雄花萼片卵状三角形；雌花萼片卵状披针形。蒴果卵球形或近球形，果皮具软刺或平滑；种子椭圆形，光滑，斑纹淡褐色或灰白色。

【生物学特性】多年生粗壮草本或草质灌木，以种子进行繁殖。花期几全年或6～9月（栽培）。

【分布与危害】原产地可能在非洲东北部的肯尼亚或索马里，现广布于全世界热带地区或栽培于热带至温暖带各国，我国华南和西南地区均有分布。在云南海拔2 300m以下的村旁疏林或河流两岸冲积地常逸为野生，呈多年生灌木。为部分咖啡园特有杂草，危害严重，属地域性主要杂草。

植株

茎尖

叶

花   果实

20. 齿裂大戟 *Euphorbia dentata* Michx.

【形态特征】根纤细，长7～10cm，直径2～3mm，下部多分枝。茎单一，上部多分枝，高20～50cm，直径2～5mm，被柔毛或无毛。叶对生，线形至卵形，多变化，长2～7cm，宽5～20mm，先端尖或钝，基部渐狭；边缘全缘、浅裂至波状齿裂，多变化；叶两面被毛或无毛；叶柄长3～20mm，被柔毛或无毛；总苞叶2～3枚，与茎生叶相同；伞幅2～3，长2～4cm；苞叶数枚，与退化叶混生。花序数枚，聚伞状生于分枝顶部，基部具长1～4mm短柄；总苞钟状，高约3mm，直径约2mm，边缘5裂，裂片三角形，边缘撕裂状；腺体1枚，二唇形，生于总苞侧面，淡黄褐色。雄花数枚，伸出总苞之外；雌花1枚，子房柄与总苞边缘近等长；子房球状，光滑无毛；花柱3枚，分离；柱头两裂。蒴果扁球状，长约4mm，直径约5mm，具3个纵沟；成熟时分裂为3个分果爿。种子卵球状，长约2mm，直径1.5～2mm，黑色或褐黑色，表面粗糙，具不规则瘤状突起，腹面具一黑色沟纹；种阜盾状，黄色，无柄。

【生物学特性】一年生草本，以种子进行繁殖。花果期7～10月。

【分布与危害】原产北美，现分布于我国北京、云南等省份，生于杂草丛中、路旁及沟边。为咖啡园次要杂草，中度危害。

植株   茎

茎尖

叶

果实

21. **飞扬草** *Euphorbia hirta* L.

【形态特征】根纤细，长5～11cm，直径3～5mm，常不分枝，偶3～5分枝。茎单一，自中部向上分枝或不分枝，高30～70cm，直径约3mm，被褐色或黄褐色的多细胞粗硬毛。叶对生，披针状长圆形、长椭圆状卵形或卵状披针形，长1～5cm，宽5～13mm，先端极尖或钝，基部略偏斜；边缘于中部以上有细锯齿，中部以下较少或全缘；叶面绿色，叶背灰绿色，有时具紫色斑，两面均具柔毛，叶背面脉上的毛较密；叶柄极短，长1～2mm。花序多数，于叶腋处密集成头状，基部无梗或仅具极短的梗，变化较大，且具柔毛；总苞钟状，高与直径各约1mm，被柔毛，边缘5裂，裂片三角状卵形；腺体4枚，近于杯状，边缘具白色附属物；雄花数枚，微达总苞边缘；雌花1枚，具短梗，伸出总苞之外；子房三棱状，被少许柔毛；花柱3枚，分离；柱头2浅裂。蒴果三棱状，长与直径均1～1.5mm，被短柔毛，成熟时分裂为3个分果爿。种子近圆状，具4棱，每个棱面有数个纵槽，无种阜。

【生物学特性】一年生草本，以种子进行繁殖。花果期6～12月。

【分布与危害】分布于云南、广东等地。该杂草株型矮小，根系不发达，对咖啡植株基本无影响，为咖啡园次要杂草。

植株

叶

茎尖

花序

22. 南欧大戟 *Euphorbia peplus* L.

【形态特征】根纤细，长6～8cm，直径1～2mm，下部多分枝。茎单一或自基部多分枝，斜向上开展，高20～28cm，直径约2mm。叶互生，倒卵形至匙形，先端钝圆、平截或微凹，基部楔形，边缘自中部以上具细锯齿，常无毛；叶柄长1～3mm或无；总苞叶3～4枚，与茎生叶同形或相似；

植株

茎尖

苞叶2枚，与茎生叶同形。花序单生二歧分枝顶端，基部近无柄；总苞杯状，边缘4裂，裂片钝圆，边缘具睫毛；腺体4枚，新月形，先端具两角，黄绿色。雄花数枚，常不伸出总苞外；雌花1枚；花柱3枚，分离；柱头2裂。蒴果三棱状球形，无毛。种子卵棱状，具纵棱，每个棱面上有规则排列的2～3个小孔，灰色或灰白色；种阜黄白色，盾状，无柄。

【生物学特性】一年生草本，以种子进行繁殖。花果期2～10月。

【分布与危害】原产地中海沿岸，现分布于我国的台湾、广东、香港、福建、广西和云南。为高海拔咖啡园次要杂草，轻度危害。

23. 千根草 *Euphorbia thymifolia* L.

【形态特征】根纤细，长约10cm，具多数不定根。茎纤细，常呈匍匐状，自基部极多分枝，长10～20cm，直径仅1～3mm，被稀疏柔毛。叶对生，椭圆形、长圆形或倒卵形，长4～8mm，宽2～5mm，先端圆，基部偏斜，不对称，呈圆形或近心形，边缘有细锯齿，稀全缘，两面常被稀疏柔毛，稀无毛；叶柄极短，长约1mm，托叶披针形或线形，长1～1.5mm，易脱落。花序单生或数个簇生于叶腋，具短柄，长1～2mm，被稀疏柔毛；总苞狭钟状至陀螺状，高约1mm，直径约1mm，外部被稀疏的短柔毛，边缘5裂，裂片卵形；腺体4枚，被白色附属物。雄花少数，微伸出总苞边缘；雌花1枚，子房柄极短，子房被贴伏的短柔毛；花柱3枚，分离；柱头2裂。蒴果卵状三棱

植株

茎

叶

花

形，长约1.5mm，直径1.3～1.5mm，被贴伏的短柔毛，成熟时分裂为3个分果爿。种子长卵状四棱形，长约0.7mm，直径约0.5mm，暗红色，每个棱面具4～5个横沟；无种阜。

【生物学特性】一年生草本，以匍匐茎进行繁殖。花果期6～11月。

【分布与危害】产于湖南、江苏、浙江、台湾、江西、福建、广东、广西、海南和云南，多见于路旁、屋旁、草丛、稀疏灌丛等地。为咖啡园次要杂草，轻度危害。

24. 通奶草 *Euphorbia hypericifolia* L.

【形态特征】根纤细，长10～15cm，直径2～3.5mm，常不分枝，少数由末端分枝。茎直立，自基部分枝或不分枝，高15～30cm，直径1～3mm，无毛或被少许短柔毛。叶对生，狭长圆形或倒卵形，长1～2.5cm，宽4～8mm，先端钝或圆，基部圆形，通常偏斜，不对称，边缘全缘或基部以上具细锯齿，上面深绿色，下面淡绿色，有时略带紫红色，两面被稀疏的柔毛，或上面的毛早脱落；叶柄极短，长1～2mm；托叶三角形，分离或合生。苞叶2枚，与茎生叶同形。花序数个簇生于叶腋或枝顶，每个花序基部具纤细的柄，柄长3～5mm；总苞陀螺状，高与直径各约1mm或稍大；边缘5裂，裂片卵状三角形；腺体4枚，边缘具白色或淡粉色附属物。雄花数枚，微伸出总苞外；雌花1枚，子房柄长于总苞；子房三棱状，无毛；花柱3枚，分离；柱头2浅裂。蒴果三棱状，长约1.5mm，直径约2mm，无毛，成熟时分裂为3个分果爿。种子卵棱状，长约1.2mm，直径约0.8mm，每个棱面具数个皱纹，无种阜。

【生物学特性】一年生草本，以种子进行繁殖。花果期8～12月。

【分布与危害】分布于长江以南的江西、台湾、湖南、广东、广西、海南、四川、贵州和云南，多生于旷野荒地、路旁、灌丛及田间。为部分咖啡园特有杂草，属咖啡园次要杂草，轻度危害。

植株

叶

花序

25. 土瓜狼毒 *Euphorbia prolifera* Buch. -Ham. ex D. Don

【形态特征】全株光滑无毛。根圆柱状，长10～20cm，直径5～20mm，少分枝或不分枝。茎基部极多分枝，向上直立或斜展，高20～30cm，直径约3mm，偶更粗。叶互生，线状长圆形，长2～4cm，宽3～5mm，先端钝圆，基部渐狭或近平截；侧脉多发自叶基，不明显；无叶柄；总苞叶4～6枚，卵状长圆形至阔卵状长圆形，长1.5～2.5cm，宽6～12mm，先端圆或尖，基部渐狭，无柄；苞叶2枚，卵形，长1～1.5cm，宽8～10mm，先端尖或圆，基部圆或近平截。花序单生于二歧分枝顶端，基部无柄；总苞阔钟状，高约3.5mm，直径3～7mm，先端5裂，裂片啮状或呈三角状，边缘及内侧具微柔毛；腺体4枚，偶为5～8枚，近于月牙形，但中部不明显凹陷，先端具两个不明显的角，褐色。雄花多枚，略超过总苞边缘；雌花1枚，子房柄长5mm，子房光滑无毛，花柱3枚，柱头微2裂。蒴果卵球状，长约4.5mm，直径4.5～5.5mm，光滑无毛；果柄长8mm。种子卵球状，长2.5～3.0mm，直径2.0～2.5mm，黄褐色，平滑且具斑状纹饰；种阜小，乳黄色，易脱落。

【生物学特性】多年生草本，以种子进行繁殖。花果期4～8月。

【分布与危害】分布于四川、贵州、云南，生于海拔500～2 300m的冲刷沟边、草坡或松林下。为咖啡园次要杂草，轻度危害。

植株

茎

茎尖

叶

地钱科 Marchantiaceae

26. 地钱 *Marchantia polymorpha* L.

【形态特征】叶状体扁平，带状，多回二歧分枝，淡绿色或深绿色，边缘略具波曲，多交织成片生长。背面具六角形气室，气孔为烟囱式，气室内着生多数直立的营养丝。叶状体腹面具6列紫色鳞片，鳞片尖部有呈心脏形的附着物；假根密生鳞片基部。雄托圆盘状，波状浅裂成7~8瓣。雌托扁平，深裂成6~10个指状瓣。

【生物学特性】以孢子体进行有性繁殖或以地衣体进行营养繁殖。

【分布与危害】多见于潮湿的生境，如草原带沙地林下、荒地、林缘等。在咖啡苗圃中较为常见，生长速度快，可导致咖啡幼苗生长不良，为咖啡园次要杂草。

叶状体

雌托

雄托

灯芯草科 Juncaceae

27. 灯芯草 *Juncus effusus* L.

【形态特征】株高27~91cm；根状茎粗壮横走，具黄褐色稍粗的须根。茎丛生，直立，圆柱形，淡绿色，具纵条纹，茎内充满白色的髓心。叶全部为低出叶，呈鞘状或鳞片状，包围在茎的基部，长1~22cm，基部红褐至黑褐色；叶片退化为刺芒状。聚伞花序假侧生，含多花，排列紧密或疏散；总苞片圆柱形，生于顶端，似茎的延伸，直立，长5~28cm，顶端尖锐；小苞片2枚，宽卵形，膜质，顶端尖；花淡绿色；花被片线状披针形，长2~12.7mm，宽约0.8mm，顶端锐尖，背脊增厚突出，黄绿色，边缘膜质，外轮者稍长于内轮；雄蕊3枚（偶有6枚），长约为花被片的2/3；花药长圆形，黄色，长约0.7mm，稍短于花丝；雌蕊具3室子房；花柱极短；柱头3分叉，长约1mm。蒴果长圆形或卵形，长约2.8mm，顶端钝或微凹，黄褐色。种子卵状长圆形，长0.5～0.6mm，黄褐色。

【生物学特性】多年生草本，以根茎或种子进行繁殖。花期4～7月，果期6～9月。

【分布与危害】我国各省份均有分布，常生于稻田、池边、河岸、沟边及其他水湿环境中。在部分潮湿的咖啡园有分布，为咖啡园次要杂草，轻度危害。

植株

茎

豆科 Fabaceae

28. 补骨脂 *Cullen corylifolium* (L.) Medik.

【形态特征】高60～150cm。枝坚硬，疏被白色茸毛，有明显腺点。叶为单叶，有时有1片长1～2cm的侧生小叶；托叶镰形，有腺点；小叶柄长2～3mm，被白色茸毛；叶宽卵形，先端钝或锐尖，基部圆形或心形，边缘有粗而不规则的锯齿，质地坚韧，两面有明显黑色腺点，被疏毛或近无毛。花序腋生，有花10～30朵，组成密集的总状或小头状花序，总花梗长3～7cm，被白色柔毛和腺点；苞片膜质，披针形，被茸毛和腺点；花梗长约1mm；花萼长4～6mm，被白色柔毛和腺点，萼齿披针形，下方一个较长，花冠黄色或蓝色，花瓣明显具瓣柄，旗瓣倒卵形，长5.5mm。荚果卵形，具小尖头，黑色，表面具不规则网纹，不开裂，果皮与种子不易分离；种子扁。

【生物学特性】一年生直立草本，以种子进行繁殖。花、果期7～10月。

【分布与危害】分布于云南、四川、河北、山

茎

西、甘肃、安徽、江西、河南、广东、广西、贵州等省份，多见于山坡、溪边、田边。为咖啡园次要杂草，中度危害。

茎尖　　　　　　　　　　　　　　　　　　　　　　　叶

果实

29. 蝉豆 *Pleurolobus gangeticus* (L.) J. St.-Hil. ex H. Ohashi & K. Ojashi

【形态特征】株高可达1m。茎柔弱，稍具棱，被稀疏柔毛，分枝多。叶具单小叶；托叶狭三角形或狭卵形，长约1cm，宽1～3mm；叶柄长1～2cm，密被直毛和小钩状毛；小叶纸质，长椭圆状卵形，有时为卵形或披针形，大小变异很大，长3～13cm，宽2～7cm，先端急尖，基部圆形，上面除中脉外，其余无毛，下面薄被灰色长柔毛，侧脉每边6～12条，直达叶缘，全缘；小托叶钻形，长2～9mm；小叶柄长约3mm，毛被与叶柄同。总状花序顶生和腋生，但顶生者有时为圆锥花序，长10～30cm，总花梗纤细，被短柔毛，花2～6朵生于每一节上，节疏离；苞片针状，脱落；花梗长2～5mm，被毛；花萼宽钟状，长约2mm，被糙伏毛，裂片披针形，较萼筒稍长，上部裂片先端微2裂；花冠绿白色，长3～4mm，旗瓣倒卵形，基部渐狭，具不明显的瓣柄，翼瓣长圆形，基部具耳和短瓣柄，龙骨瓣狭倒卵形，无耳；雄蕊二体，长3～4mm；雌蕊长4～5mm，子房线形，被毛，花柱上部弯曲。荚果密集，略弯曲，长1.2～2cm，宽约2.5mm，腹缝线稍直，背缝线波状，有荚节6～8，荚节近圆形或宽长圆形，长2～3mm，被钩状短柔毛。

【生物学特性】多年生直立或近直立亚灌木，以种子进行繁殖，通过种子附着于衣服或毛皮动物的毛皮上进行远距离传播。花期4～8月，果期8～9月。

【分布与危害】产于广东、海南及沿海岛屿、广西、云南南部及东南部、台湾中部和南部，多生于海拔300～900m的荒地草丛中或次生林中。在云南海拔1 300m的咖啡园亦有分布，为咖啡园地域性主要杂草。

植株　　　　　　　　　　　　　　　茎

叶　　　　　　　　　　　　　　　花序

花　　　　　　　　　　　　　　　果实

30. 滇木蓝 *Indigofera delavayi* Franch.

【形态特征】高达2m。茎粗壮，少分枝，淡红褐色，上部具棱，被疏短毛。羽状复叶长 8～18cm；叶柄长3～4cm，叶轴圆柱形，上面扁平或有槽，与叶柄均无毛，或在小叶柄着生的节上具紫色腺状簇毛；托叶钻形，基部稍扩大，长5～7mm，宿存；小叶对生，长圆形，稍倒卵形，先端圆形或截平，微凹，有小尖头，基部阔楔形或圆形，上面绿色，无毛或近无毛，下面粉绿色，被稀疏短毛，中脉上面微凹，下面隆起，侧脉6～7对，细脉下面比上面明显，干后叶常呈淡靛色；小叶柄长约2mm，密生白色平贴毛；小托叶钻形，长1～1.5mm。总状花序长20cm，花疏松着生；总花梗长1.5～2.5cm，花序轴有棱，均疏生白色平贴毛；苞片线形，长约5mm；花梗长约1.5mm；花萼钟状，外面疏生毛，长约3mm，萼齿卵状三角形，先端长渐尖，最下萼齿长约1.5mm，与萼筒近等长；花冠白色或粉红色，旗瓣阔椭圆形，先端圆钝，基部有短瓣柄，外面被柔毛，翼瓣长11～12mm，基部有瓣柄和耳状附属物，仅边缘有睫毛，龙骨瓣长13～14mm，具瓣柄，先端及边缘有柔毛；花药长圆形，长约1.5mm，顶端有小突尖，两端有髯毛，子房无毛，有胚珠14～15枚。荚果线形，顶端渐尖，向上弯曲，背腹缝均加厚，无毛；果梗下弯。

【生物学特性】多年生直立灌木，以种子进行繁殖。花期8～9月。

【分布与危害】产于云南、四川等地，多生于草坡、丛林或灌丛中。多见于高海拔地区的咖啡园，为咖啡园地域性主要杂草，多年未清除，危害严重。

茎　　　　　　　　　　　　　　　　花序

31. 葛 *Pueraria montana* var. *lobata* (Ohwi) Maesen & S. M. Almeida

【形态特征】茎长可达8m，全体被黄色长硬毛，茎基部木质，有粗厚的块状根。羽状复叶具3小叶；托叶背着，卵状长圆形，具线条；小托叶线状披针形，与小叶柄等长或较长；小叶3裂，偶尔全缘，顶生小叶宽卵形或斜卵形，长7～19cm，宽5～18cm，先端长渐尖，侧生小叶斜卵形，稍小，上面被淡黄色、平伏的疏柔毛，下面较密；小叶柄被黄褐色茸毛。总状花序长15～30cm，中部以上有颇密集的花；苞片线状披针形至线形，远长于小苞片；小苞片卵形，长不及2mm；花2～3朵聚生于花序轴的节上；花萼钟形，长8～10mm，被黄褐色柔毛，裂片披针形，渐尖，比萼管略长；

花冠长10～12mm，紫色，旗瓣倒卵形，基部有2耳及一黄色硬痂状附属体，具短瓣柄，翼瓣镰状，较龙骨瓣为窄，基部有线形、向下的耳，龙骨瓣镰状长圆形，基部有极小、急尖的耳；对旗瓣的1枚雄蕊仅上部离生；子房线形，被毛。荚果长椭圆形，长5～9cm，宽8～11mm，扁平，被褐色长硬毛。

【**生物学特性**】多年生粗壮藤本，以种子或块状根进行繁殖。花期9～10月，果期11～12月。

【**分布与危害**】产于我国南北各地，除新疆、青海及西藏外，分布几遍全国，生于山地疏林或密林中。为咖啡园地域性主要杂草，生物量巨大，危害较为严重。

植株

茎

茎尖

叶

32. 含羞草 *Mimosa pudica* L.

【**形态特征**】高可达1m；茎圆柱状，具分枝，有散生、下弯的钩刺及倒生刺毛。托叶披针形，长5～10mm，有刚毛。羽片和小叶触之即闭合而下垂；羽片通常2对，指状排列于总叶柄之顶端，长3～8cm；小叶10～20对，线状长圆形，长8～13mm，宽1.5～2.5mm，先端急尖，边缘具刚毛。头状花序圆球形，直径约1cm，具长花序梗，单生或2～3个生于叶腋；花小，淡红色，多数；苞片线形；花萼极小；花冠钟状，裂片4，外面被短柔毛；雄蕊4枚，伸出于花冠之外；子房有短柄，无毛；胚珠3～4枚，花柱丝状，柱头小。荚果长圆形，长1～2cm，宽约5mm，扁平，稍弯曲，荚缘波状，具刺毛，成熟时荚节脱落，荚缘宿存；种子卵形，长 3.5mm。

【生物学特性】披散、亚灌木状草本，以种子进行繁殖。花期 3 ~ 10 月，果期 5 ~ 11 月。

【分布与危害】原产热带美洲，现分布于我国台湾、福建、广东、广西、云南等地，多见于旷野荒地、灌木丛中。在普洱、西双版纳地区的咖啡园较为常见，为咖啡园次要杂草，轻度危害。

植株

茎

叶

花序

果实

33. 葫芦茶 *Tadehagi triquetrum* (L.) Ohashi

【形态特征】茎直立，高1～2m。幼枝三棱形，棱上被疏短硬毛，老时渐变无。叶仅具单小叶；托叶披针形，有条纹；叶柄两侧有宽翅，翅宽4～8mm；小叶纸质，狭披针形至卵状披针形，先端急尖，基部圆形或浅心形，上面无毛。总状花序顶生和腋生，被贴伏丝状毛和小钩状毛；花2～3朵簇生于每节上；苞片钻形或狭三角形；花梗被小钩状毛和丝状毛；花萼宽钟形，上部裂片三角形，先端微2裂或有时全缘，侧裂片披针形，下部裂片线形；花冠淡紫色或蓝紫色；雄蕊二体；子房被毛，花柱无毛。荚果，全部密被黄色或白色糙伏毛，无网脉，腹缝线直，背缝线稍缢缩，有荚节5～8，荚节近方形；种子宽椭圆形或椭圆形。

【生物学特性】灌木或亚灌木，以种子进行繁殖。花期6～10月，果期10～12月。

【分布与危害】产于福建、江西、广东、海南、广西、贵州及云南，多见于海拔1 400m以下的荒地或山地林缘及路旁。为咖啡园地域性主要杂草，中度危害。

茎

叶

果实

34. 假地豆 *Grona heterocarpos* (L.) H. Ohashi & K. Ohashi

【形态特征】基部多分枝，多少被糙伏毛；叶具3小叶；叶柄长1～2cm；顶生小叶椭圆形、长椭圆形或宽倒卵形，长2.5～6cm，侧生小叶较小，先端圆或钝，微凹，具短尖，基部钝，上面无毛，下面被贴伏白色短柔毛，侧脉5～10对；总状花序，花序梗密被淡黄色开展钩状毛；花极密，2朵生于每节上；花冠紫或白色，旗瓣倒卵状长圆形，基部具短瓣柄，翼瓣倒卵形，具耳和瓣柄，龙骨瓣极弯曲；荚果密集，窄长圆形，腹缝线浅波状，沿两缝线被钩状毛，有4～7荚节；荚节近方形。

【生物学特性】多年生小灌木或亚灌木，以种子进行繁殖。10月可见花果。

【分布与危害】产于长江以南各省份，西至云南，东至台湾，多分布于海拔350～1 800m的区域。为咖啡园次要杂草，轻度危害。

植株

茎

叶

花

荚果

35. **假苜蓿** *Crotalaria medicaginea* Lamk.

【形态特征】直立或铺地散生，基部常呈木质；茎及分枝细弱，多分枝，被紧贴的丝光质短柔毛。托叶丝状，长2～3mm；叶三出，柄长2～5mm，小叶倒披针形或倒卵状长圆形，先端钝，截形或凹，基部楔形，长1～1.5cm，宽3～6mm，上面无毛，下面密被丝光质短柔毛；小叶柄短，长不及1mm。总状花序顶生或腋生，有花数朵，花梗长2～3mm；花萼近钟形，长2～3mm，略被短柔毛，5裂，萼齿阔披针形；花冠黄色，旗瓣椭圆形或卵状长圆形，长4～5mm，先端被微柔毛，基部具胼胝体2枚，翼瓣长圆形，长3～4mm，龙骨瓣约与旗瓣等长，弯曲，中部以上变狭，形成长喙，扭转；子房无柄。荚果圆球形，先端具短喙，直径3～4mm，包被萼内或略外露，被微柔毛；种子2粒。

【生物学特性】一年生草本，以种子进行繁殖。花果期8～12月。

【分布与危害】分布于台湾、四川、广东、广西、云南等省份，多见于海拔1 400m以下的荒地路边及沙滩海滨干旱处。为部分咖啡园特有杂草，属咖啡园次要杂草，轻度危害。

植株

茎尖

叶

花

36. 救荒野豌豆 *Vicia sativa* L.

【形态特征】株高15～105cm。茎斜升或攀缘，单一或多分枝，具棱，被微柔毛。偶数羽状复叶长2～10cm，叶轴顶端卷须有2～3分枝；托叶戟形，通常2～4裂齿，长0.3～0.4cm，宽0.15～0.35cm；小叶2～7对，长椭圆形或近心形，长0.9～2.5cm，宽0.3～1cm，先端圆或平截有凹，具短尖头，基部楔形，侧脉不甚明显，两面被贴伏黄柔毛。花腋生，近无梗；萼钟形，外面被柔毛，萼齿披针形或锥形；花冠紫红色或红色，旗瓣长倒卵圆形，先端圆，微凹，中部缢缩，翼瓣短于旗瓣，长于龙骨瓣；子房线形。荚果线长圆形，长4～6cm，宽0.5～0.8cm，表皮土黄色，种间缢缩，有毛，成熟时背腹开裂，果瓣扭曲；种子4～8粒，圆球形，棕色或黑褐色，种脐长相当于种子圆周的1/5。

【生物学特性】一年生或二年生草本，以种子或根芽进行繁殖。苗期11月至翌年春季，花期4～7月，果期7～9月。

【分布与危害】分布遍及全国，生于海拔50～3 000m的荒山、田边草丛及林中。为咖啡园常见杂草，轻度危害。

叶

花

果实

37. 蔓草虫豆 *Cajanus scarabaeoides* (L.) Graham ex Wall.

【形态特征】茎纤弱，长可达2m，具细纵棱，多少被红褐色或灰褐色短茸毛。叶具羽状3小叶；托叶小，卵形，被毛，常早落；叶柄长1～3cm；小叶纸质或近革质，下面有腺状斑点，顶生小叶椭圆形至倒卵状椭圆形，先端钝或圆，侧生小叶稍小，斜椭圆形至斜倒卵形，两面薄被褐色短柔毛，但下面较密；基出脉3，在下面脉明显凸起；小托叶缺；小叶柄极短。总状花序腋生，通常长不及2cm，有花1～5朵，总花梗长2～5mm，与总轴同被红褐色至灰褐色茸毛；花萼钟状，4齿裂或有时上面2枚不完全合生而呈5裂状，裂片线状披针形；花冠黄色，长约1cm，通常于开花后脱落，旗瓣倒卵形，有暗紫色条纹，基部有呈齿状的短耳和瓣柄，翼瓣狭椭圆状，微弯，基部具瓣柄和耳，龙骨瓣上部弯，具瓣柄；雄蕊二体，花药一式，圆形；子房密被丝质长柔毛，有胚珠数枚。荚果长圆形，长1.5～2.5cm，宽约6mm，密被红褐色或灰黄色长毛，果瓣革质，于

植株

茎

叶

花

果实

种子间有横缢线；种子3～7粒，椭圆状，长约4mm，种皮黑褐色，有凸起的种阜。

【生物学特性】多年生蔓生或缠绕状草质藤本，以种子进行繁殖。花期9～10月，果期11～12月。

【分布与危害】在云南、四川、贵州、广西、广东、海南、福建、台湾等地有分布，常生于海拔150～1500m的旷野、路旁或山坡草丛中。为咖啡园地域性主要杂草，种群大时，对咖啡危害较严重。

38. 蔓花生 *Arachis duranensis* Krapov. & W. C. Greg.

【形态特征】枝条呈蔓性，株高10～15cm；叶互生，倒卵形，全缘；花为腋生，蝶形，金黄色；荚果。

【生物学特性】多年生宿根草本，以种子和枝条扦插进行繁殖。春秋两季开花。

【分布与危害】原产于南美洲，现分布广泛，我国各地均有分布。为部分咖啡园特有杂草，属咖啡园次要杂草，轻度危害。

植株

茎

叶

花

39. 蔓茎葫芦茶 *Tadehagi pseudotriquetrum* (DC.) Yen C. Yang & P. H. Huang

【形态特征】茎蔓生，长30～60cm。幼枝三棱形，棱上疏被短硬毛，老时变无毛。叶仅具单小叶；托叶披针形，长1.5cm，有条纹；叶柄长0.7～3.2cm，两侧有宽翅，翅宽3～7mm，与叶同质；

小叶卵形，有时为卵圆形，长3～10cm，宽1.3～5.2cm，先端急尖，基部心形，上面无毛，下面沿脉疏被短柔毛。总状花序顶生和腋生，长25cm，被贴伏丝状毛和小钩状毛；花通常2～3朵簇生于每节上；苞片狭三角形或披针形，被丝状毛和小钩状毛；花萼长5mm，疏被柔毛；花冠紫红色。荚果长2～4cm，宽约5mm，仅背腹缝线密被白色柔毛，果皮无毛，具网脉，腹缝线直，背缝线稍缢缩，有荚节5～8。

【生物学特性】多年生草本，以种子进行繁殖。花期8月，果期10～11月。

【分布与危害】分布于江西、湖南、广东、广西、四川、贵州、云南和台湾，多见于海拔500～2 000m的山地疏林下。为咖啡园次要杂草，轻度危害。

植株

茎

茎尖

叶

40. 山野豌豆 *Vicia amoena* Fisch. ex DC.

【形态特征】株高30～100cm，植株被疏柔毛，稀近无毛。主根粗壮，须根发达。茎具棱，多分枝，细软，斜升或攀缘。偶数羽状复叶长5～12cm，几无柄，顶端卷须有2～3分枝；托叶半箭头形，长0.8～2cm，边缘有3～4裂齿；小叶4～7对，互生或近对生，椭圆形至卵披针形，长1.3～4cm，宽0.5～1.8cm；先端圆，微凹，基部近圆形，上面被贴伏长柔毛，下面粉白色；沿中脉毛被较密，侧脉扇状展开直达叶缘。总状花序通常长于叶；花密集着生于花序轴上部；花冠红紫色、蓝紫色或蓝色，花期颜色多变；花萼斜钟状，萼齿近三角形，上萼齿长0.3～0.4cm，明显短于下萼齿；旗瓣倒卵圆形，长1～1.6cm，宽0.5～0.6cm，先端微凹，瓣柄较宽，翼瓣与旗瓣近等长，瓣片斜倒卵形，瓣柄长0.4～0.5cm，龙骨瓣短于翼瓣，长1.1～1.2cm。荚果长圆形，长1.8～2.8cm，宽0.4～0.6cm。两端渐尖，无毛。种子1～6粒，圆形，直径0.35～0.4cm；种皮革质，深褐色，具花斑；种脐内凹，黄褐色。

【生物学特性】多年生草本，以种子进行繁殖。花期4～6月，果期7～10月。

【分布与危害】广泛分布于东北、华北、陕西、甘肃、宁夏、河南、湖北、山东、江苏、安徽、云南等地，多见于草甸、山坡、灌丛或杂木林中。为咖啡园次要杂草，轻度危害。

茎

茎尖

花

果实

种子

41. 天蓝苜蓿 *Medicago lupulina* L.

【形态特征】株高15～60cm，全株被柔毛或有腺毛。主根浅，须根发达。茎平卧或上升，多分枝，叶茂盛。羽状三出复叶；托叶卵状披针形，长可至1cm，先端渐尖，基部圆或戟状，常齿裂；下部叶柄较长，长1～2cm，上部叶柄比小叶短；小叶倒卵形、阔倒卵形或倒心形，长5～20mm，宽4～16mm，纸质，先端多少截平或微凹，具细尖，基部楔形，边缘在上半部具不明显尖齿，两面均被毛，侧脉近10对，平行达叶边，几不分叉，上下均平坦；顶生小叶较大，小叶柄长2～6mm，侧生小叶柄甚短。花序小头状，具花10～20朵；总花梗细，挺直，比叶长，密被贴伏柔毛；苞片刺毛状，甚小；花长2～2.2mm；花梗短，长不到1mm；萼钟形，长约2mm，密被毛，萼齿线状披针形，稍不等长，比萼筒略长或等长；花冠黄色，旗瓣近圆形，顶端微凹，翼瓣和龙骨瓣近等长，均比旗瓣短；子房阔卵形，被毛，花柱弯曲，胚珠1枚。荚果肾形，长3mm，宽2mm，表面具同心弧形脉纹，被稀疏毛，熟时变黑；有种子1粒。种子卵形，褐色，平滑。

【生物学特性】一或二年生草本，以种子进行繁殖。花期7～9月，果期8～10月。

【分布与危害】产于我国南北各地，以及青藏高原，常见于河岸、路边、田野及林缘。为咖啡园次要杂草，轻度危害。

植株

叶

花

42. 田菁 *Sesbania cannabina* (Retz.) Pers.

【形态特征】株高3～3.5m。茎绿色，有时带褐红色，微被白粉，有不明显淡绿色线纹。平滑，基部有多数不定根，幼枝疏被白色绢毛，后秃净，折断有白色黏液，枝髓粗大充实。羽状复叶；叶轴上面具沟槽，幼时疏被绢毛，后几无毛；托叶披针形，早落；小叶20～40对，对生或近对生，线状长圆形，位于叶轴两端者较短小，先端钝至截平，具小尖头，基部圆形，两侧不对称，上面无毛，下面幼时疏被绢毛，后秃净，两面被紫色小腺点，下面尤密；小叶柄疏被毛；小托叶钻形，宿存。总状花序；总花梗及花梗纤细，下垂，疏被绢毛；苞片线状披针形，小苞片2枚，均早落；花萼斜钟状，无毛，萼齿短三角形，先端锐齿，各齿间常有1～3腺状附属物，内面边缘具白色细长曲柔毛；花冠黄色。荚果细长，长圆柱形，微弯，外面具黑褐色斑纹，喙尖，种子间具横隔，有种子20～35粒。种子绿褐色，有光泽，短圆柱状，种脐圆形，稍偏于一端。

【生物学特性】一年生草本，以种子进行繁殖。花果期7～12月。

【分布与危害】海南、江苏、浙江、江西、福建、广西、云南有栽培或逸为野生，通常生于水田、水沟等潮湿低地。为部分咖啡园特有杂草，属咖啡园次要杂草，轻度危害。

植株　　　　　　　　　　　　　　　茎

叶　　　　　　　　　　　　　　　花

43. 小叶细蚂蝗 *Leptodesmia microphylla* (Thunb.) H. Ohashi & K. Ohashi

【形态特征】平卧或直立。茎多分枝，纤细，通常红褐色，近无毛。叶具3小叶，有时为单小叶；小叶倒卵状长椭圆形或长椭圆形，先端圆，基部宽楔形，上面无毛，下面被疏柔毛或无毛。总状花序顶生或腋生，被黄褐色开展柔毛；有花6～10朵，花小；苞片卵形，被黄褐色柔毛；花梗纤

植株

茎尖

花

果实

细，略被短柔毛；花冠粉红色。荚果。

【生物学特性】多年生草本，以种子进行繁殖。花期5～9月，果期9～11月。

【分布与危害】长江以南各省份均有分布，多见于海拔2 500m以下的荒地草丛或灌木林中。为咖啡园次要杂草，轻度危害。

44. 硬毛宿苞豆 *Harashuteria hirsuta* (Baker) K. Ohashi & H. Ohashi

【形态特征】茎纤细，略具棱，幼嫩时密被黄褐色倒生长硬毛，后渐脱落；羽状复叶具3小叶；托叶线形或线状披针形，长4～5mm，具脉纹；叶柄长4.5～8cm；顶生小叶卵形或宽卵形，长4.5～6cm，侧生小叶斜卵形，较小，先端骤窄短渐尖，基部圆或近平截，稀宽楔形，两面被紧贴疏糙伏毛，早落，基出脉3，侧脉4～5对；小托叶锥状；小叶柄长2～3mm，被粗毛；总状花序腋生，花在花序轴上部较密集；苞片线形，被毛；萼筒状钟形，近无毛；花冠蓝色。

【生物学特性】多年生草本，以种子进行繁殖。花期1月。

【分布与危害】分布于海南和云南。为咖啡园地域性主要杂草，危害较为严重。

植株

叶

花

果实

45. 猪屎豆 *Crotalaria pallida* Ait.

【形态特征】茎枝圆柱形，具小沟纹，密被紧贴的短柔毛。托叶极细小，刚毛状，通常早落；叶三出，叶柄长2～4cm；小叶长圆形或椭圆形，长3～6cm，宽1.5～3cm，先端钝圆或微凹，基部阔楔形，上面无毛，下面略被丝光质短柔毛，两面叶脉清晰；小叶柄长1～2mm。总状花序顶生，长达25cm，有花10～40朵；苞片线形，长约4mm；小苞片的形状与苞片相似，长约2mm，花时极细小，长不及1mm，生萼筒中部或基部；花梗长3～5mm；花萼近钟形，长4～6mm，5裂，萼齿三角形，约与萼筒等长，密被短柔毛；花冠黄色，伸出萼外，旗瓣圆形或椭圆形，直径约10mm，基部具胼胝体2枚，翼瓣长圆形，长约8mm，下部边缘具柔毛，龙骨瓣最长，约12mm，弯曲，几达90°，具长喙，基部边缘具柔毛；子房无柄。荚果长圆形，长3～4cm，径5～8mm，幼时被毛，成熟后脱落，果瓣开裂后扭转；种子20～30粒。

【生物学特性】多年生草本，以种子进行繁殖。花果期9～12月。

【分布与危害】在福建、台湾、广东、广西、四川、云南、山东、浙江、湖南有分布，多分布于海拔100～1 000m的荒山草地及沙质土壤之中。在普洱及西双版纳地区种群较大，为咖啡园地域性主要杂草，危害严重。

植株

叶

花序

果实

防己科 Menispermaceae

46. **细圆藤** *Pericampylus glaucus* (Lam.) Merr.

【形态特征】长超过10m或更长，小枝通常被灰黄色茸毛，有条纹，常长而下垂，老枝无毛。叶纸质至薄革质，三角状卵形至三角状近圆形，很少卵状椭圆形，顶端钝或圆，很少短尖，有小凸尖，基部近截平至心形，边缘有圆齿或近全缘，两面被茸毛或上面被疏柔毛至近无毛，很少两面近无毛；掌状脉5条，很少3条，网状小脉稍明显；叶柄被茸毛，通常生叶片基部，极少稍盾状着生。聚伞花序伞房状，被茸毛；雄花萼片背面被毛，外轮窄，中轮倒披针形，内轮稍宽；花瓣6枚，楔形或匙形。核果红色或紫色。

【生物学特性】木质藤本，以种子进行繁殖。花期4～6月，果期9～10月。

【分布与危害】广布于长江流域以南各地，东至台湾省，尤以广东、广西和云南三省份之南部常见，多生于林中、林缘和灌丛中。为部分咖啡园特有杂草，属咖啡园地域性主要杂草，中度危害。

植株

叶

茎

缠绕丝

凤尾蕨科 Pteridaceae

47. 蜈蚣凤尾蕨 *Pteris vittata* L.

【形态特征】根状茎直立，短而粗健，粗2～2.5cm，木质，密被蓬松的黄褐色鳞片。叶簇生；柄坚硬，长10～30cm或更长，基部粗3～4mm，深禾秆色至浅褐色，幼时密被鳞片，以后渐变稀疏；叶片倒披针状长圆形，长20～90cm或更长，宽5～25cm或更宽，一回羽状；顶生羽片与侧生羽片同形，侧生羽片多数，互生或有时近对生，下部羽片较疏离，斜展，无柄，不与叶轴合生，向下羽片逐渐缩短，基部羽片仅为耳形，中部羽片最长，狭线形，长6～15cm，宽5～10mm，先端渐尖，基部扩大并为浅心脏形，其两侧稍呈耳形，上侧耳片较大并常覆盖叶轴，各羽片间的间隔宽1～1.5cm，不育的叶缘有微细而均匀的密锯齿，不为软骨质。主脉下面隆起并为浅禾秆色，侧脉纤细，密接，斜展，单一或分叉。叶干后薄革质，暗绿色，无光泽，无毛；叶轴禾秆色，疏被鳞片。在成熟的植株上除下部缩短的羽片不育外，几乎全部羽片均可育。

【生物学特性】多年生蕨类植物，以根状茎或孢子进行繁殖。

【分布与危害】广布于我国热带和亚热带地区，多生于海拔200m以上的钙质土或石灰岩上，也常生于石隙或墙壁上。属咖啡园次要杂草，轻度危害。

植株

茎

叶

禾本科 Gramineae

48. 白茅 *Imperata cylindrica* (L.) Beauv.

【形态特征】具粗壮的长根状茎。秆直立，高30～80cm，具1～3节，节无毛。叶鞘聚集于秆基，甚长于其节间，质地较厚，老后破碎呈纤维状；叶舌膜质，长约2mm，紧贴其背部或鞘口具柔毛，分蘖叶片长约20cm，宽约8mm，扁平，质地较薄；秆生叶片长1～3cm，窄线形，通常内卷，顶端渐尖呈刺状，下部渐窄，或具柄，质硬，被有白粉，基部上面具柔毛。圆锥花序稠密，长20cm，宽达3cm，小穗长4.5～6mm，基盘具长12～16mm的丝状柔毛；两颖草质及边缘膜质，近相等，具5～9脉，顶端渐尖或稍钝，常具纤毛，脉间疏生长丝状毛，第一外稃卵状披针形，长为颖片的2/3，透明膜质，无脉，顶端尖或齿裂，第二外稃与其内稃近相等，长约为颖之半，卵圆形，顶端具齿裂及纤毛；雄蕊2枚，花药长3～4mm；花柱细长，基部多少连合，柱头2枚，紫黑色，羽状，长约4mm，自小穗顶端伸出。颖果椭圆形，长约1mm，胚长为颖果之半。

【生物学特性】多年生草本，以根状茎或种子进行繁殖。苗期3～4月，花果期4～6月。

【分布与危害】分布遍及全国，多生于低山带平原河岸草地、沙质草甸、荒漠。为咖啡园主要杂草，发生量较大，危害较严重。

植株　　　　　　　　　　　　　　　　　　　　　根状茎

叶

穗状花序

49. 白羊草 *Bothriochloa ischaemum* (L.) Keng

【形态特征】秆丛生，直立或基部倾斜，高25～70cm，径1～2mm，具3节至多节，节上无毛或具白色髯毛；叶鞘无毛，多密集于基部而相互跨覆，常短于节间；叶舌膜质，长约1mm，具纤毛；叶片线形，长5～16cm，宽2～3mm，顶生者常缩短，先端渐尖，基部圆形，两面疏生疣基柔毛或下面无毛。总状花序4枚至多数，着生于秆顶，呈指状，长3～7cm，纤细，灰绿色或带紫褐色，总状花序轴节间与小穗柄两侧具白色丝状毛。无柄小穗长圆状披针形，长4～5mm，基盘具髯毛；第一颖草质，背部中央略下凹，具5～7脉，下部1/3具丝状柔毛，边缘内卷成2脊，脊上粗糙，先端钝或带膜质；第二颖舟形，中部以上具纤毛；脊上粗糙，边缘亦膜质；第一外稃长圆状披针形，长约3mm，先端尖，边缘

植株

茎节

叶

上部疏生纤毛；第二外稃退化成线形，先端延伸成一膝曲扭转的芒，芒长10～15mm；第一内稃长圆状披针形，长约0.5mm；第二内稃退化；鳞被2枚，楔形；雄蕊3枚，长约2mm。有柄小穗雄性；第一颖背部无毛，具9脉；第二颖具5脉，背部扁平，两侧内折，边缘具纤毛。

【生物学特性】多年生草本，以根状茎和种子进行繁殖。花果期4～10月。

【分布与危害】分布遍及全国，多生于山坡、草地或道路两侧。为咖啡园主要杂草，发生量较大，危害较严重。

花序

50. 棒头草 *Polypogon fugax* Nees ex Steud.

【形态特征】秆丛生，基部膝曲，大都光滑，高10～75cm。叶鞘光滑无毛，大都短于或下部者长于节间；叶舌膜质，长圆形，长3～8mm，常2裂或顶端具不整齐的裂齿；叶片扁平，微粗糙或下面光滑，长2.5～15cm，宽3～4mm。圆锥花序穗状，长圆形或卵形，较疏松，具缺刻或有间断，分枝长可达4cm；小穗长约2.5mm，灰绿色或部分带紫色；颖长圆形，疏被短纤毛，先端2浅裂，芒从裂口处伸出，细直，微粗糙，长1～3mm；外稃光滑，长约1mm，先端具微齿，中脉延伸成长约2mm而易脱落的芒；雄蕊3枚，花药长0.7mm。颖果椭圆形，1面扁平，长约1mm。

【生物学特性】一年生草本，以种子进行繁殖。花果期4～9月，以幼苗或种子越冬。

植株　　　　　　　　　　　　　　茎秆

【分布与危害】产于我国南北各地，生于海拔100～3 600m的山坡、田边、潮湿处。为咖啡园次要杂草，轻度危害。

叶

穗状花序

51. 扁穗雀麦 *Bromus catharticus* Vahl

【形态特征】秆直立，高60～100cm，径约5mm。叶鞘闭合，被柔毛；叶舌具缺刻；叶片散生柔毛。圆锥花序开展，长约20cm；分枝粗糙，具1～3小穗；小穗两侧极压扁；小穗轴节间长约2mm，粗糙；颖窄披针形，第一颖长10～12mm，具7脉，第二颖稍长，具7～11脉；外稃长15～20mm，具11脉，沿脉粗糙，顶端具芒尖，基盘钝圆，无毛；内稃窄小，长约为外稃的1/2，两脊生纤毛；雄蕊3枚。颖果，顶端具茸毛。

【生物学特性】一年生草本，以种子进行繁殖。花果期春季5月和秋季9月。

【分布与危害】原产美洲，我国云南多为引种后逃逸野生。为咖啡园次要杂草，轻度危害。

茎秆

花序

52. 大白茅 *Imperata cylindrica* var. *major* (Nees) C. E. Hubbard

【形态特征】具横走多节被鳞片的长根状茎。秆直立，高25～90cm，具2～4节，节具长2～10mm的白柔毛。叶鞘无毛或上部及边缘具柔毛，鞘口具疣基柔毛，鞘常麇集于秆基，老时破碎呈纤维状；叶舌干膜质，长约1mm，顶端具细纤毛；叶片线形或线状披针形，长10～40cm，宽2～8mm，顶端渐尖，中脉在下面明显隆起并渐向基部增粗或成柄，边缘粗糙，上面被细柔毛；顶生叶短小，长1～3cm。圆锥花序穗状，长6～15cm，宽1～2cm，分枝短缩而密集，有时基部较稀疏；小穗柄顶端膨大成棒状，无毛或疏生丝状柔毛，长柄长3～4mm，短柄长1～2mm；小穗披针形，基部密生长12～15mm的丝状柔毛；两颖几相等，膜质或下部质地较厚，顶端渐尖，具5脉，中脉延伸至上部，背部脉间疏生长于小穗本身3～4倍的丝状柔毛，边缘稍具纤毛；第一外稃卵状长圆形，长为颖之半或更短，顶端尖，具齿裂及少数纤毛；第二外稃长约1.5mm；内稃宽约1.5mm，大于其长度，顶端截平，无芒，具微小的齿裂；雄蕊2枚，花药黄色，长2～3mm，先雌蕊而成熟；柱头2枚，紫黑色，自小穗顶端伸出。颖果椭圆形，长约1mm。

【生物学特性】多年生草本，喜旱，以种子或根状茎进行繁殖。花果期5～8月。

【分布与危害】广泛分布于山东、河南、陕西、江苏、浙江、安徽、江西、湖南、湖北、福建、台湾、广东、海南、广西、贵州、四川、云南、西藏等地。为咖啡园主要杂草，危害较为严重。

植株

穗状花序

53. 大黍 *Panicum maximum* Jacq.

【形态特征】簇生高大草本。根茎肥壮。秆直立，高1～3m，粗壮，光滑，节上密生柔毛。叶鞘疏生疣基毛；叶舌膜质，长约1.5mm，顶端被长睫毛；叶片宽线形，硬，长20～60cm，宽1～1.5cm，上面近基部被疣基硬毛，边缘粗糙，顶端长渐尖，基部宽，向下收狭呈耳状或圆形。圆锥花序大而开展，长20～35cm，分枝纤细，下部的轮生，腋内疏生柔毛；小穗长圆形，长约3mm，顶端尖，无毛；第一颖卵圆形，长约为小穗的1/3，具3脉，侧脉不甚明显，顶端尖，第二颖椭圆形，与小穗等长，具5脉，顶端喙尖；第一外稃与第二颖同形、等长，具5脉，其内稃薄膜质，与外稃等长，具2脉，有3枚雄蕊，花丝极短，白色，花药暗褐色，长约2mm；第二外稃长圆形，革质，长约2.5mm，与其内稃表面均具横皱纹。鳞被长约0.3mm，宽约0.38mm，具3～5脉，局部增厚，肉质，折叠。

【生物学特性】多年生草本，以种子进行繁殖。花果期8～10月。

【分布与危害】原产非洲热带地区，我国广东、台湾、云南等省份有栽培，逃逸为野生。为部分咖啡园特有杂草，属地域性主要杂草，危害严重。

植株   茎秆

花序   果实

54. 弓果黍 *Cyrtococcum patens* (L.) A. Camus

【形态特征】秆较纤细，花枝高15～30cm。叶鞘常短于节间，边缘及鞘口被疣基毛或仅见疣基，脉间亦散生疣基毛；叶舌膜质，长0.5～1mm，顶端圆形，叶片线状披针形或披针形，长3～8cm，宽3～10mm，顶端长渐尖，基部稍收狭或近圆形，两面贴生短毛，老时渐脱落，边缘稍粗糙，近基部边缘具疣基纤毛。圆锥花序由上部秆顶抽出，长5～15cm；分枝纤细，腋内无毛；小穗柄长于小穗；小穗长1.5～1.8mm，被细毛或无毛，颖具3脉，第一颖卵形，长为小穗的1/2，顶端尖头；第二颖舟形，长约为小穗的2/3，顶端钝；第一外稃约与小穗等长，具5脉，顶端钝，边缘具纤毛；第二外稃长约1.5mm，背部弓状隆起，顶端具鸡冠状小瘤体；第二内稃长椭圆形，包于外稃中；雄蕊3枚。

【生物学特性】一年生草本，以种子进行繁殖。花果期9月至翌年2月。

【分布与危害】分布于江西、广东、广西、福建、台湾和云南等省份，多见于丘陵杂木林或草地较阴湿处。为咖啡园主要杂草，危害较为严重。

植株

茎秆和叶

花序

55. 狗尾草 *Setaria viridis* (L.) P. Beauv.

【形态特征】根为须状，植株高大，具支持根。秆直立或基部膝曲，高10～100cm，基部径达3～7mm。叶鞘松弛，无毛或疏具柔毛或疣毛，边缘具较长的密棉毛状纤毛；叶舌极短，缘有长1～2mm的纤毛；叶片扁平，长三角状狭披针形或线状披针形，先端长渐尖或渐尖，基部钝圆形，几呈截状或渐窄，长4～30cm，宽2～18mm，通常无毛或疏被疣毛，边缘粗糙。圆锥花序紧密呈圆柱状或基部稍疏离，直立或稍弯垂，主轴被较长柔毛，长2～15cm，宽4～13mm，刚毛长4～12mm，粗糙或微粗糙，直或稍扭曲，通常绿色或褐黄到紫红或紫色；小穗2～5个簇生于主轴上或更多的小穗着生在短小枝上，椭圆形，先端钝，长2～2.5mm，铅绿色；第一颖卵形、宽卵形，长约为小穗的1/3，先端钝或稍尖，具3脉；第二颖几与小穗等长，

植株

椭圆形，具5～7脉；第一外稃与小穗等长，具5～7脉，先端钝，其内稃短小狭窄；第二外稃椭圆形，顶端钝，具细点状皱纹，边缘内卷，狭窄；鳞被楔形，顶端微凹；花柱基分离；叶上下表皮脉间均为微波纹或无波纹的、壁较薄的长细胞。颖果灰白色。

【生物学特性】一年生草本，以种子进行繁殖。耐旱、耐贫瘠。4～5月出苗，花果期5～10月。

【分布与危害】原产欧亚大陆的温带和暖温带地区，现广布于我国各地。多见于新定植咖啡园，为咖啡园主要杂草，危害较为严重。

花序

56. 狗牙根 *Cynodon dactylon* (L.) Pers.

【形态特征】具根茎。秆细而坚韧，下部匍匐地面蔓延甚长，节上常生不定根，直立部分高10～30cm，直径1～1.5mm，秆壁厚，光滑无毛，有时略两侧压扁。叶鞘微具脊，无毛或有疏柔毛，鞘口常具柔毛；叶舌仅为一轮纤毛；叶片线形，长1～12cm，宽1～3mm，通常两面无毛。穗状花序，小穗灰绿色或带紫色，长2～2.5mm，仅含1小花；颖长1.5～2mm，第二颖稍长，均具1脉，背部成脊而边缘膜质；外稃舟形，具3脉，背部明显成脊，脊上被柔毛；内稃与外稃近等长，具2脉。鳞被上缘近截平；花药淡紫色；子房无毛，柱头紫红色。颖果长圆柱形。

【生物学特性】多年生低矮草本，以种子和根茎进行繁殖，其根茎蔓延能力极强。花果期5～10月。

植株   茎秆

【**分布与危害**】广泛分布于云南各地，喜潮湿栖境，多见于村庄附近、道路两旁、荒地山坡。为咖啡园重要杂草，尤其对新定植咖啡园危害极大，种群较大时，可导致咖啡植株死亡。

叶　　　　　　　　　　　　　　　　　花序

---

57. **黄茅** *Heteropogon contortus* (L.) P. Beauv. ex Roem. et Schult.

【**形态特征**】秆高20～100cm，基部常膝曲，上部直立，光滑无毛。叶鞘压扁而具脊，光滑无毛，鞘口常具柔毛；叶舌短，膜质，顶端具纤毛；叶片线形，扁平或对折，长10～20cm，宽3～6mm，顶端渐尖或急尖，基部稍收窄，两面粗糙或表面基部疏生柔毛。总状花序单生于主枝或分枝顶，长3～7cm，诸芒常于花序顶扭卷成1束；花序基部3～12对小穗，为同性，无芒，宿存；上部7～12对为异性对。无柄小穗线形，两性，长6～8mm，基盘尖锐，具棕褐色髯毛；第一颖狭长圆形，革质，顶端钝，背部圆形，被短硬毛或无毛，边缘包卷同质的第二颖；第二颖较窄，顶端钝，具2脉，脉间被短硬毛或无毛，边缘膜质；第一小花外稃长圆形，远短于颖；第二小花外稃极窄，向上延伸成二回膝曲的芒，芒长6～10cm，芒柱扭转被毛；内稃常缺；雄蕊3枚；子房线形，花柱2枚。有柄小穗长圆状披针形，雄性或中性，无芒，常偏斜扭转覆盖无柄小穗，绿色或带紫色；第一颖长圆状披针形，草质，背部被疣基毛或无毛。

【**生物学特性**】多年生丛生草本，以种子进行繁殖。花果期4～12月。

植株

【分布与危害】产于河南、陕西、甘肃、浙江、江西、福建、台湾、湖北、湖南、广东、广西、四川、贵州、云南、西藏等省份，生于海拔400～2 300m的山坡草地，尤以干热草坡特甚。为干热区咖啡园优势杂草，属地域性主要杂草，群体较大时，危害较严重。

茎秆　　　　　　　　　　　　　　　　　　　　　花序

58. 金发草 *Pogonatherum paniceum* (Lam.) Hack.

【形态特征】秆硬似小竹，基部具被密毛的鳞片，直立或基部倾斜，高30～60cm，具3～8节；节常稍凸起而被髯毛，上部各节多回分枝。叶鞘短于节间，边缘薄纸质或膜质，上部边缘和鞘口被细长疣毛；叶舌很短，边缘具短纤毛，背部常具疏细毛；叶片线形，扁平或内卷，质较硬。总状花序稍弯曲，乳黄色。有柄小穗较小。

【生物学特性】多年生草本，以种子进行繁殖。花果期4～10月。

【分布与危害】产于湖北、湖南、广东、广西、贵州、云南、四川等省份，多见于海拔2 300m以下的山坡、草地、路边、溪旁草地的干旱向阳处。为咖啡园地域性主要杂草，危害较严重。

植株　　　　　　　　　　　　　　　　　　　　　茎秆

叶

花序

59. 金色狗尾草 *Setaria pumila* (Poiret) Roemer & Schultes

【形态特征】秆直立或基部倾斜膝曲，近地面节可生根，高20～90cm，光滑无毛，仅花序下面稍粗糙。叶鞘下部扁压具脊，上部圆形，光滑无毛，边缘薄膜质，光滑无纤毛；叶舌具一圈长约1mm的纤毛，叶片线状披针形或狭披针形，长5～40cm，宽2～10mm，先端长渐尖，基部钝圆，上面粗糙，下面光滑，近基部疏生长柔毛。圆锥花序紧密呈圆柱状或狭圆锥状，长3～17cm，宽4～8mm，直立，主轴具短细柔毛，刚毛金黄色或稍带褐色，粗糙，长4～8mm，先端尖，通常在一簇中仅具一个发育的小穗，第一颖宽卵形或卵形，长为小穗的1/3～1/2，先端尖，具3脉；第二颖宽卵形，长为小穗的1/2～2/3，先端稍钝，具5～7脉，第一小花雄性或中性，第一外稃与小穗等长或微短，具5脉，其内稃膜质，等长且等宽于第二小花，具2脉，通常含3枚雄蕊或无；第二小花两性，外稃革质，等长于第一外稃。

【生物学特性】一年生草本，以种子进行繁殖。花果期6～10月。

【分布与危害】产全国各地，生于林边、山坡、路边和荒芜的园地及荒野。为咖啡园主要杂草，危害较严重。

植株

茎秆

茎秆和叶 　　　　　　　　　　　　　　 花序

60. 荩草 *Arthraxon hispidus* (Thunb.) Makino

【形态特征】秆细弱，无毛，基部倾斜，具多节，常分枝，基部节着地易生根。叶鞘短于节间，生短硬疣毛；叶舌膜质，长0.5～1mm，边缘具纤毛；叶片卵状披针形，长2～4cm，宽0.8～1.5cm，基部心形，抱茎，除下部边缘生疣基毛外余均无毛。总状花序细弱，总状花序轴节间无毛，长为小穗的2/3～3/4。无柄小穗卵状披针形，呈两侧压扁，长3～5mm，灰绿色或带紫；第一颖草质，边缘膜质，包住第二颖2/3，具7～9脉，脉上粗糙至生疣基硬毛，尤以顶端及边缘为多，先端锐尖；第二颖近膜质，与第一颖等长，舟形，脊上粗糙，具3脉而2侧脉不明显，先端尖；第一外稃长圆形，透明膜质，先端尖，长为第一颖的2/3；第二外稃与第一外稃等长，透明膜质，近基部伸出一膝曲的芒；芒长6～9mm，下部扭转；雄蕊2枚；花药黄色或带紫色，长0.7～1mm。颖果长圆形，与稃体等长。有柄小穗退化仅剩针状刺，柄长0.2～1mm。

【生物学特性】一年生草本，以种子进行繁殖。花果期9～11月。

【分布与危害】遍布全国各地及旧大陆的温暖区域，生于山坡草地阴湿处。为咖啡园主要杂草，危害较严重。

植株 　　　　　　　　　　　　　　　　 茎秆和叶

茎秆　　　　　　　　　　　　　　　　　叶

61. 橘草 *Cymbopogon goeringii* (Steud.) A. Camus

【形态特征】秆直立丛生，高60～100cm，具3～5节，节下被白粉或微毛。叶鞘无毛，下部者聚集秆基，质地较厚，内面棕红色，老后向外反卷，上部者均短于其节间；叶舌长0.5～3mm，两侧有三角形耳状物并下延为叶鞘边缘的膜质部分，叶颈常被微毛；叶片线形，扁平，长15～40cm，宽3～5mm，顶端长渐尖成丝状，边缘微粗糙，除基部下面被微毛外通常无毛。伪圆锥花序长15～30cm，狭窄，有间隔，具一至二回分枝；佛焰苞长1.5～2cm，宽约2mm，带紫色；总梗长5～10mm，上部生微毛；总状花序长1.5～2cm，向后反折；总状花序轴节间与小穗柄长2～3.5mm，先端杯形，边缘被长1～2mm的柔毛，毛向上渐长。无柄小穗长圆状披针形，长约5.5mm，中部宽约1.5mm，基盘具长约0.5mm的短毛或近无毛；第一颖背部扁

植株

茎秆

花序

平，下部稍窄，略凹陷，上部具宽翼，翼缘密生锯齿而微粗糙，脊间常具 2～4 脉或有时不明显；第二外稃长约 3mm，芒从先端 2 裂齿间伸出，长约 12mm，中部膝曲；雄蕊 3 枚，花药长约 2mm；柱头帚刷状，棕褐色，从小穗中部两侧伸出。有柄小穗长 4～5.5mm，花序上部的较短，披针形，第一颖背部较圆，具 7～9 脉，上部侧脉与翼缘微粗糙，边缘具纤毛。

【生物学特性】多年生草本，以种子进行繁殖。花果期 7～10 月。

【分布与危害】产于河北、河南、山东、江苏、安徽、浙江、江西、福建、台湾、湖北、湖南、云南等地，生于海拔 1 500m 以下的丘陵山坡草地、荒野和平原路旁。为咖啡园地域性杂草，危害较严重。

62. 看麦娘 *Alopecurus aequalis* Sobol.

【形态特征】秆少数丛生，细瘦，光滑，节处常膝曲，高 15～40cm。叶鞘光滑，短于节间；叶舌膜质，长 2～5mm；叶片扁平，长 3～10cm，宽 2～6mm。圆锥花序圆柱状，灰绿色，长 2～7cm，宽 3～6mm；小穗椭圆形或卵状长圆形，长 2～3mm；颖膜质，基部互相连合，具 3 脉，脊上有细纤毛，侧脉下部有短毛；外稃膜质，先端钝，等大或稍长于颖，下部边缘互相连合，芒长 1.5～3.5mm，约于稃体下部 1/4 处伸出，隐藏或稍外露；花药橙黄色，长 0.5～0.8mm。颖果长约 1mm。

【生物学特性】一年生草本，以种子进行繁殖，繁殖能力极强。苗期 11 月至翌年 2 月，花果期 4～8 月。

植株

茎秆

花序

【分布与危害】在我国各省份均有分布，喜低海拔田埂及潮湿之地。仅在部分潮湿的咖啡园出现，植株矮小，根系不发达，对咖啡植株危害较小，属咖啡园次要杂草。

63. 狼尾草 *Pennisetum alopecuroides* (L.) Spreng.

【形态特征】秆直立，丛生，高30～120cm，在花序下密生柔毛。叶鞘光滑，两侧压扁，主脉呈脊，秆上部者长于节间；叶舌具纤毛；叶片线形，先端长渐尖，基部生疣毛。圆锥花序直立；主轴密生柔毛；刚毛粗糙，淡绿色或紫色；小穗通常单生，偶有双生，线状披针形；第一颖微小或缺，长1～3mm，膜质，先端钝，脉不明显或具1脉；第二颖卵状披针形，先端短尖，具3～5脉，长为小穗的1/3～2/3；第一小花中性，第一外稃与小穗等长，具7～11脉；第二外稃与小穗等长，披针形，具5～7脉，边缘包着同质的内稃；鳞被2枚，楔形；雄蕊3枚，花药顶端无毫毛；花柱基部连合。颖果长圆形。

【生物学特性】多年生草本，以种子进行繁殖。花果期夏秋季。

【分布与危害】我国自东北、华北经华东、中南及西南各省份均有分布，多生于海拔50～3 200m的田埂、荒地、道旁及小山坡上。为咖啡园次要杂草，轻度危害。

花序

64. 类芦 *Neyraudia reynaudiana* (Kunth) Keng ex Hitchc.

【形态特征】具木质根状茎，须根粗而坚硬。秆直立，高2～3m，通常节具分枝，节间被白粉；叶鞘无毛，仅沿颈部具柔毛；叶舌密生柔毛；叶片长30～60cm，宽5～10mm，扁平或卷折，顶端长渐尖，无毛或上面生柔毛。圆锥花序长30～60cm，分枝细长，开展或下垂；小穗长6～8mm，含5～8小花，第一外稃不孕，无毛；颖片短小，长2～3mm；外稃长约4mm，边脉生有长约2mm的柔毛，顶端具长1～2mm向外反曲的短芒；内稃短于外稃。

【生物学特性】多年生草本，以种子进行繁殖。花果期8～12月。

【分布与危害】分布于海南、广东、广西、贵州、云南、四川、湖北、湖南、江西、福建、台湾、浙江、江苏，多生于海拔 300 ～ 1 500m 的河边、山坡或砾石草地。为咖啡园地域性主要杂草，危害较为严重。

茎秆

穗

65. 龙爪茅 *Dactyloctenium aegyptium* (L.) Willd.

【形态特征】秆直立或基部横卧地面，于节处生根且分枝。叶鞘松弛，边缘被柔毛；叶舌膜质，顶端具纤毛；叶片扁平，顶端尖或渐尖，两面被疣基毛。穗状花序 2 ～ 7 个指状排列于秆顶，长 1 ～ 4cm，宽 3 ～ 6mm；小穗长 3 ～ 4mm，含 3 小花；第一颖沿脊龙骨状凸起上具短硬纤毛，第二颖顶端具短芒；外稃中脉成脊，脊上被短硬毛；有近等长的内稃，其顶端 2 裂，背部具 2 脊，背缘有翼，翼缘具细纤毛；鳞被 2 枚，楔形，折叠，具 5 脉。囊果球状。

植株

茎秆

穗状花序

【生物学特性】一年生草本，以种子进行繁殖。花果期5～10月。

【分布与危害】在我国华东、华南、中南及西南各省份均有分布。为咖啡园次要杂草，轻度危害。

66. 马唐 *Digitaria sanguinalis* (L.) Scop.

【形态特征】秆直立或下部倾斜，膝曲上升，高10～80cm，直径2～3mm，无毛或节生柔毛。叶鞘短于节间，无毛或散生疣基柔毛；叶舌长1～3mm；叶片线状披针形，长5～15cm，宽4～12mm，基部圆形，边缘较厚，微粗糙，具柔毛或无毛。总状花序长5～18cm，4～12枚成指状着生于长1～2cm的主轴上；穗轴直伸或开展，两侧具宽翼，边缘粗糙；小穗椭圆状披针形，长3～3.5mm；第一颖小，短三角形，无脉；第二颖具3脉，披针形，长为小穗的1/2左右，脉间及边缘大多具柔毛；第一外稃等长于小穗，具7脉，中脉平滑，两侧的脉间距离较宽，无毛，边脉小刺状粗糙，脉间及边缘生柔毛；第二外稃近革质，灰绿色，顶端渐尖，等长于第一外稃；花药长约1mm。

植株

茎秆

叶

花序

【生物学特性】一年生草本，以种子进行繁殖。花果期6~9月。

【分布与危害】在西藏、四川、新疆、陕西、甘肃、山西、河北、河南及安徽等地均有分布，多见于路旁、田野。为咖啡园重要杂草，危害极为严重。

67. 牛筋草 *Eleusine indica* (L.) Gaertn.

【形态特征】根系极发达。秆丛生，基部倾斜，高10~90cm。叶鞘两侧压扁而具脊，松弛，无毛或疏生疣毛；叶舌长约1mm；叶片平展，线形，长10~15cm，宽3~5mm，无毛或上面被疣基柔毛。穗状花序2~7个指状着生于秆顶，很少单生，长3~10cm，宽3~5mm；小穗长4~7mm，宽2~3mm，含3~6小花；颖披针形，具脊，脊粗糙；第一颖长1.5~2mm；第二颖长2~3mm；第一外稃长3~4mm，卵形，膜质，具脊，脊上有狭翼，内稃短于外稃，具2脊，脊上具狭翼。囊果卵形，长约1.5mm，基部下凹，具明显的波状皱纹。鳞被2枚，折叠，具5脉。

植株

【生物学特性】一年生草本，以种子进行繁殖。花果期6~10月。

【分布与危害】产于我国南北各省份，多生于荒芜之地及道路旁。为咖啡园主要杂草，危害较严重。

穗状花序

68. 千金子 *Leptochloa chinensis* (L.) Nees

【形态特征】秆直立，基部膝曲或倾斜，平滑无毛。叶鞘无毛，大多短于节间；叶舌膜质；叶片扁平或多少卷折，先端渐尖，两面微粗糙或下面平滑。圆锥花序长，分枝及主轴均微粗糙；小穗多带紫色；颖果长圆球形。

【生物学特性】一年生草本，以种子进行繁殖。花果期8~11月。

【分布与危害】分布于陕西、山东、江苏、安徽、浙江、台湾、福建、江西、湖北、湖南、四川、云南、广西、广东等省份，多见于海拔1 200m以下的潮湿区域。以新定植咖啡园发生量最大，为咖啡园主要杂草，重度危害。

植株　　　　　　　　　　　　　　　　茎秆

叶　　　　　　　　　　　　　　　　花序

69. 球穗草 *Hackelochloa granularis* (L.) Kuntze

【形态特征】秆直立，多分枝，无毛或被稀疏疣基毛。叶鞘被疣基糙毛；叶舌短，膜质，边缘具纤毛；叶片线状披针形，两面被疣基毛，先端渐尖，基部近心形。总状花序纤弱；有柄小穗与无柄小穗分别交互排列于序轴一侧而成两行。无柄小穗半球形，有柄小穗卵形。

植株　　　　　　　　　　　　　　　　茎和叶

【生物学特性】一年生草本，以种子进行繁殖。花果期自夏季至初冬。

【分布与危害】分布于云南、四川、贵州、广西、广东、福建、台湾等省份，多生于路边草丛和山坡上。为咖啡园次要杂草，轻度危害。

花序

70. 西来稗 *Echinochloa crus-galli* var. *zelayensis* (Kunth) Hitchcock

【形态特征】直立或斜生，叶片披针形至狭线形，叶缘变厚而粗糙，叶舌仅存痕迹。圆锥花序直立，分枝上不再分枝；小穗卵状椭圆形，顶端具小尖头而无芒，脉上无疣基毛，但疏生硬刺毛。颖果圆形。

【生物学特性】一年生草本，以种子进行繁殖。7月可见花果。

【分布与危害】分布于华北、华东、西北、华南及西南各省份。为咖啡园次要杂草，轻度危害。

茎秆

叶

叶鞘

花序　　　　　　　　　　　　　　　　　　　　　　　　果实

71. 野燕麦 *Avena fatua* L.

【形态特征】须根较坚韧。秆直立，光滑无毛，高60～120cm，具2～4节。叶鞘松弛，光滑或基部覆被微毛；叶舌透明膜质，长1～5mm；叶片扁平，长10～30cm，宽4～12mm，微粗糙，或上面和边缘疏生柔毛。圆锥花序开展，金字塔形，长10～25cm，分枝具棱角，粗糙；小穗长18～25mm，含2～3小花，其柄弯曲下垂，顶端膨胀；小穗轴密生淡棕色或白色硬毛，其节脆硬易断落，第一节间长约3mm；颖草质，几相等，通常具9脉；外稃质地坚硬，第一外稃长15～20mm，背面中部以下具淡棕色或白色硬毛，芒自稃体中部稍下处伸出，长2～4cm，膝曲，芒柱棕色，扭转。颖果被淡棕色柔毛，腹面具纵沟，长6～8mm。

【生物学特性】越年生或一年生草本，以种子进行繁殖，喜旱。春秋两季出苗，4月抽穗，5月成熟，生长快。

【分布与危害】分布于全国。为咖啡园次要杂草，生物量小，轻度危害。

花序

72. 硬秆子草 *Capillipedium assimile* (Steud.) A. Camus

【形态特征】秆高1.8～3.5m，坚硬似小竹，多分枝，分枝常向外开展而将叶鞘撑破。叶片线状披针形，长6～15cm，宽3～6mm，顶端刺状渐尖，基部渐窄，无毛或被糙毛。圆锥花序长5～12cm，宽约4cm，分枝簇生，疏散而开展，枝腋内有柔毛，小枝顶端有2～5节总状花序，总状花序轴节间易断落，长1.5～2.5mm，边缘变厚，被纤毛。无柄小穗长圆形，长2～3.5mm，背腹压扁，具芒，淡绿色至淡紫色，有被毛的基盘；第一颖顶端窄而截平，背部粗糙乃至疏被小糙毛，具2脊，脊上被硬纤毛，脊间有不明显的2～4脉；第二颖与第一颖等长，顶端钝或尖，具3脉；第一外稃长圆形，顶端钝，长为颖的2/3；芒膝曲扭转，长6～12mm。具柄小穗线状披针形，常较无柄小穗长。

植株

【生物学特性】多年生草本，以种子进行繁殖。花果期8～12月。

【分布与危害】产于华中、广东、广西、西藏、云南等省份，生于河边、林中或湿地上。为咖啡园主要杂草，危害较严重。

茎秆和叶

花序

73. 皱叶狗尾草 *Setaria plicata* (Lam.) T. Cooke

【形态特征】须根细而坚韧，少数具鳞芽。秆通常瘦弱，少数径可达6mm，直立或基部倾斜，高45～130cm，无毛或疏生毛；节和叶鞘与叶片交接处常具白色短毛。叶鞘背脉常呈脊，密或疏生较细疣毛或短毛，毛易脱落，边缘常密生纤毛或基部叶鞘边缘无毛而近膜质；叶舌边缘密生长1～2mm的纤毛；叶片质薄，椭圆状披针形或线状披针形，长4～43cm，宽0.5～3cm，先端渐尖，基部渐狭呈柄状，具较浅的纵向皱折，两面或一面具疏疣毛，或具极短毛而粗糙，或光滑无毛，边缘无毛。圆锥花序狭长圆形或线形，长15～33cm，分枝斜向上升，长1～13cm，上部者排列紧密，下部者具分枝，排列疏松而开展，主轴具棱角，有极细短毛而粗糙；小穗着生小枝一侧，卵状披针形，绿色或微紫色，长 3 ～ 4mm；颖薄纸质，第一颖宽卵形，顶端钝圆，边缘膜质，长为小穗的 1/4 ～ 1/3，具 3（5）脉，第二颖长为小穗的 1/2 ～ 3/4，先端钝或尖，具 5 ～ 7 脉；第一小花通常中性或具 3 枚雄蕊，第一外稃与小穗等长或稍长，具 5 脉，内稃膜质，狭短或稍狭于外稃，边缘稍内卷，具 2 脉；第二小花两性，第二外稃等长或稍短于第一外稃，具明显的横皱纹；鳞被 2 枚；花柱基部连合。颖果狭长卵形，先端具硬而小的尖头。叶表皮细胞同棕叶狗尾类型。

植株

茎秆　　　　　　　　　　　　　　　　　　叶

花序

果实

【生物学特性】多年生草本，以种子进行繁殖。花果期6～10月。

【分布与危害】产于江苏、浙江、安徽、江西、福建、台湾、湖北、湖南、广东、广西、四川、贵州、云南等省份，生于山坡林下、沟谷地阴湿处或路边地上。为咖啡园地域性主要杂草，危害较为严重。

74. 竹叶草 *Oplismenus compositus* (L.) P. Beauv.

【形态特征】秆较纤细，基部平卧地面，节着地生根，上升部分高20～80cm。叶鞘短于或上部者长于节间，近无毛或疏生毛；叶片披针形至卵状披针形，基部多少包茎而不对称，长3～8cm，宽5～20mm，近无毛或边缘疏生纤毛，具横脉。圆锥花序长5～15cm，主轴无毛或疏生毛；分枝互生而疏离，长2～6cm；小穗孪生，稀上部者单生，长约3mm；颖草质，近等长，长为小穗的1/2～2/3，边缘常被纤毛，第一颖先端芒长0.7～2cm；第二颖顶端的芒长1～2mm；第一小花中性，外稃草质，与小穗等长，先端具芒尖，具7～9脉，内稃膜质，狭小或缺；第二外稃革质，平滑，光亮，长约2.5mm，边缘内卷，包着同质的内稃；鳞片2枚，薄膜质，折叠；花柱基部分离。

【生物学特性】一年生草本，以种子进行繁殖。花果期9～11月。

【分布与危害】产于江西、四川、贵州、台湾、广东、云南等省份，多分布于疏林下阴湿处。为咖啡园主要杂草，危害较严重。

| 叶 | 花序 |

75. 紫马唐 *Digitaria violascens* Link

【形态特征】秆疏丛生，高20～60cm，基部倾斜，具分枝，无毛。叶鞘短于节间，无毛或生柔毛；叶舌长1～2mm；叶片线状披针形，质地较软，扁平，长5～15cm，宽2～6mm，粗糙，基部圆形，无毛或上面基部及鞘口生柔毛。总状花序长5～10cm，4～10枚呈指状排列于茎顶或散生于长2～4cm的主轴上；穗轴宽0.5～0.8mm，边缘微粗糙；小穗椭圆形，长1.5～1.8mm，宽0.8～1mm，2～3枚生于各节；小穗柄稍粗糙；第一颖不存在；第二颖稍短于小穗，具3脉，脉间及边缘生柔毛；第一外稃与小穗等长，有5～7脉，脉间及边缘生柔毛；毛壁有小疣突，中脉两侧无毛或毛较少，第二外稃与小穗近等长，中部宽约0.7mm，顶端尖，紫褐色，革质，有光泽；花药长约0.5mm。

【生物学特性】一年生直立草本，以种子进行繁殖。花果期7～11月。

【分布与危害】产于山西、河北、河南、山东、江苏、安徽、浙江、台湾、福建、江西、湖北、湖南、四川、贵州、云南、广西、广东以及陕西、新疆等省份，多生于海拔1 000m左右的山坡草地、路边、荒野。为咖啡园次要杂草，轻度危害。

植株

叶

花序

76. 粽叶芦 *Thysanolaena latifolia* (Roxb. ex Hornem.) Honda

【形态特征】秆高2～3m，直立粗壮，具白色髓部，不分枝。叶鞘无毛；叶舌质硬，截平；叶片披针形，具横脉，顶端渐尖，基部心形，具柄。圆锥花序大型，柔软，长达50cm，分枝多，斜向上升，下部裸露，基部主枝长达30cm；小穗长1.5～1.8mm，小穗柄长约2mm，具关节；颖片无脉，长为小穗的1/4；第一花仅具外稃，约等长于小穗；第二外稃卵形，厚纸质，背部圆，具3脉，顶端具小尖头；边缘被柔毛；内稃膜质，较短小；花药长约1mm，褐色。颖果长圆形，长约0.5mm。

【生物学特性】多年生丛生草本，以种子进行繁殖。花果期春夏或秋季。

【分布与危害】分布于台湾、广东、广西、贵州、云南，多见于山坡、山谷，或树林下和灌丛中。为咖啡园主要杂草，重度危害。

植株

叶 　　　　　　　　　 花序

花

葫芦科 Cucurbitaceae

77. **赤瓟** *Thladiantha dubia* Bunge

【形态特征】全株被黄白色的长柔毛状硬毛；根块状；茎稍粗壮，有棱沟。叶柄稍粗，长2～6cm；叶片宽卵状心形，长5～8cm，宽4～9cm，边缘浅波状，有大小不等的细齿，先端急尖或短渐尖，基部心形，弯缺深，近圆形或半圆形，深1～1.5cm，宽1.5～3cm，两面粗糙，脉上有长硬毛，最基部1对叶脉沿叶基弯缺边缘向外展开。卷须纤细，被长柔毛，单一。雌雄异株。雄花单生或聚生于短枝的上端呈假总状花序，有时2～3花生于总梗上，花梗细长，长1.5～3.5cm，被柔软的长柔毛；花萼筒极短，近辐状，长3～4mm，上端径7～8mm，裂片披针形，向外反折，长12～13mm，宽2～3mm，具3脉，两面有长柔毛；花冠黄色，裂片长圆形，长2～2.5cm，宽0.8～1.2cm，上部向外反折，先端稍急尖，具5条明显的脉，外面被短柔毛，内面有极短的疣状腺点；雄蕊5枚，着生在花萼筒檐部，其中1枚分离，其余4枚两两稍靠合，花丝极短，有短柔毛，长2～2.5mm，花药卵形，长约2mm；退化子房半球形。雌花单生，花梗细，长1～2cm，有长柔毛；花萼和花冠同雄花；退化雄蕊5枚，棒状，长约2mm；子房长圆形，长0.5～0.8cm，外面密被淡黄色长柔毛，花柱无毛，自3～4mm处有3分叉，分叉部分长约3mm，柱头膨大，肾形，2裂。果实卵状长圆形，长4～5cm，径2.8cm，顶端有残留的柱基，基部稍变狭，表面橙黄色或红棕色，有光泽，被柔毛，具10条明显的纵纹。种子卵形，黑色，平滑无毛，长4～4.3mm，宽2.5～3mm，厚1.5mm。

【生物学特性】多年生攀缘草质藤本，以种子进行繁殖。花期6～8月，果期8～10月。

【分布与危害】分布于黑龙江、吉林、辽宁、

植株

河北、山西、山东、陕西、甘肃、云南等地，常生于海拔300～1 800m的山坡、河谷及林缘湿处。为咖啡园次要杂草，轻度危害。

茎

茎尖

卷须

叶

花

花托

78. 茅瓜 *Solena heterophylla* Lour.

【形态特征】块根纺锤状，粗1.5～2cm。茎、枝柔弱，无毛，具沟纹。叶柄纤细，短，长仅0.5～1cm，初时被淡黄色短柔毛，后渐脱落；叶片薄革质，多型，变异极大，卵形、长圆形、卵状三角形或戟形等，不分裂、3～5浅裂至深裂，裂片长圆状披针形、披针形或三角形，长8～12cm，宽1～5cm，先端钝或渐尖，上面深绿色，稍粗糙，脉上有微柔毛，背面灰绿色，叶脉凸起，几无毛，基部心形，弯缺半圆形，有时基部向后靠合，边缘全缘或有疏齿。卷须纤细，不分歧。雌雄异株。雄花1～20朵生于2～5mm长的花序梗顶端，呈伞房状花序；花极小，花梗纤细，长2～8mm，几无毛；花萼筒钟状，基部圆，长5mm，径3mm，外面无毛，裂片近钻形，长0.2～0.3mm；花冠黄色，外面被短柔毛，裂片开展，三角形，长1.5mm，顶端急尖；雄蕊3枚，分离，着生在花萼筒基部，花丝纤细，无毛，长约3mm，花药近圆形，长1.3mm，药室弧状弓曲，具毛。雌花单生于叶腋；花梗长5～10mm，被微柔毛；子房卵形，长2.5～3.5mm，径2～3mm，无毛或疏被黄褐色柔毛，柱头3枚。果实红褐色，长圆状或近球形，长2～6cm，径2～5cm，表面近平滑。种子数枚，灰白色，近圆球形或倒卵形，长5～7mm，径5mm，边缘不拱起，表面光滑无毛。

【生物学特性】多年生攀缘草本，以种子或根进行繁殖。花期5～8月，果期8～11月。

【分布与危害】产于台湾、福建、江西、广东、广西、云南、贵州、四川和西藏，常生于海拔600～2 600m的山坡路旁、林下、杂木林中或灌丛中。为咖啡园次要杂草，轻度危害。

茎

茎尖

叶

卷须

花 　　　　　　　　　　　　　　　　　　果实

79. 纽子瓜 *Zehneria bodinieri* (H. Lév.) W. J. de Wilde & Duyfjes

【形态特征】茎、枝细弱，伸长，有沟纹，多分枝，无毛或稍被长柔毛。叶柄细，无毛；叶片膜质，宽卵形或稀三角状卵形，上面深绿色，粗糙，被短糙毛，背面苍绿色，近无毛，先端急尖或短渐尖，基部弯缺半圆形，边缘有小齿或深波状锯齿，不分裂或有时 3～5 浅裂，脉掌状。卷须丝状，

植株 　　　　　　　　　　　　　　　　　茎尖

花 　　　　　　　　　　　　　　　　　　果实

无毛。雄花常3~9朵生于总梗顶端，呈近头状或伞房状花序，花萼筒宽钟状；花冠白色，裂片卵形或卵状长圆形。雌花单生，稀几朵生于总梗顶端或极稀雌雄同序；子房卵形。果梗细，无毛；果实球状或卵状，浆果状，成熟期果实红色，果面光滑。

【生物学特性】草质藤本，以种子进行繁殖。花期4~8月，果期8~11月。

【分布与危害】在我国分布于四川、贵州、云南、广西、广东、福建、江西，常生于海拔500~1 000m的林边或山坡路旁潮湿处。以茎缠绕咖啡植株造成危害，为咖啡园地域性主要杂草，危害较为严重。

80. 蛇瓜 *Trichosanthes anguina* L.

【形态特征】茎纤细，多分枝，具纵棱及槽，被短柔毛及疏长硬毛。叶片膜质，圆形或肾状圆形，3~7浅裂至中裂，有时深裂，裂片极多变，通常倒卵形，两侧不对称，先端圆钝或阔三角形，具短尖头，边缘具疏离细齿，叶基弯缺深心形，上面绿色，被短柔毛及散生长硬毛，背面淡绿色，密被短柔毛，主脉5~7条，直达齿尖，细脉网状；叶柄具纵条纹，密被短柔毛及疏长硬毛。卷须2~3歧，具纵条纹，被短柔毛。雄花组成总状花序，常有1朵单生雌花并生，花序梗长10~18cm，疏被短柔毛及长硬毛，顶端具8~10花，花梗细，密被短柔毛；苞片钻状披针形；花萼筒近圆筒形，密被短柔毛及疏长硬毛，裂片狭三角形，反折；花冠白色，裂片卵状长圆形；花药柱卵球形，花丝

植株　　　　　　　　　　　　　　　　　茎

叶

纤细；退化雌蕊具3枚纤细分离的花柱。雌花单生，花梗长不及1cm，密被长柔毛；花萼及花冠同雄花；子房棒状，密被极短柔毛及长硬毛。果实长圆柱形，通常扭曲，幼时绿色，具苍白色条纹，成熟时橙黄色，具种子10余枚。种子长圆形，藏于鲜红色的果瓤内，灰褐色，种脐端变狭，另端圆形或略截形，边缘具浅波状圆齿，两面均具皱纹。

【生物学特性】一年生攀缘藤本，以种子进行繁殖。花果期夏末及秋季。

【分布与危害】我国南北方均有栽培，逃逸后危害。为部分咖啡园特有杂草，属咖啡园地域性主要杂草，危害较严重。

花　　　　　　　　　　　　　　　　　果实

金丝桃科 Hypericaceae

81. 金丝梅 *Hypericum patulum* Thunb.

【形态特征】株高0.3～3m，丛状，具开张的枝条，有时略多叶。茎淡红至橙色，幼时具4纵线棱或呈四棱形，很快具2纵线棱，有时最后呈圆柱形；节间长0.8～4cm，短于或稀长于叶；皮层灰褐色。叶具柄，叶柄长0.5～2mm；叶片披针形或长圆状披针形至卵形或长圆状卵形，长1.5～6cm，宽0.5～3cm，先端钝形至圆形，常具小尖突，基部狭或宽楔形至短渐狭，边缘平坦，不增厚，坚纸质，上面绿色，下面苍白色，主侧脉3对，中脉在上方分枝，第三级脉网稀疏而几不可见，腹腺体多少密集，叶片腺体短线形和点状。花序具1～15朵花，自茎顶端第1～2节生出，伞房状，有时顶端第一节间短，有时在茎中部有一些具1～3朵花的小枝；花梗长2～7mm；苞片狭椭圆形至狭长圆形，凋落。花直径2.5～4cm，多少呈盂状；花蕾宽卵珠形，先端钝形。萼片离生，在花蕾及果时直立，宽卵形或宽椭圆形或近圆形至长圆状椭圆形或倒卵状匙形，近等大或不等大，先端钝形至圆形或微凹而常有小尖突，边缘有细的啮蚀状小齿至具小缘毛，膜质，常带淡红色，中脉通常分明，小脉不明显或略明显，有多数腺条纹。花瓣金黄色，无红晕，多少内弯，长圆状倒卵形至宽倒卵形，边缘全缘或略为啮蚀状小齿，有1行近边缘生的腺点，有侧生的小尖突，小尖突先端多少圆形至消失。雄蕊5束。子房多少呈宽卵珠形。蒴果宽卵珠形，长0.9～1.1cm，宽0.8～1cm。种子深褐色，多少呈圆柱形，长1～1.2mm，无或几无龙骨状突起，有浅的线状蜂窝纹。

【生物学特性】多年生小灌木，以种子进行繁殖。花期6～7月，果期8～10月。

【分布与危害】分布于陕西、江苏、安徽、浙江、江西、福建、台湾、湖北、湖南、广西、四川、贵州、云南等省份，生于海拔300～2 400m的山坡或山谷的疏林下、路旁或灌丛中。为咖啡园地域性主要杂草，多年不清除，危害较严重。

植株

茎和叶

茎尖

花

堇菜科 Violaceae

82. 犁头草 *Viola japonica* Langsd. ex DC.

【形态特征】无地上茎。根状茎垂直或斜生，较粗壮，节密生，通常被残留的褐色托叶所包被。叶均基生，呈莲座状；叶片三角形、三角状卵形或戟形，中部向上渐变狭，先端渐尖或尖，基部宽心形，弯缺呈宽半圆形，两侧垂片发达，通常平展，稍下延于叶柄成狭翅，边缘具圆锯齿，两面通常无毛，少有在下面的叶脉及近基部的叶缘上有短毛，上面密生乳头状小白点，但在较老的叶上则变成暗绿色；叶柄无毛；托叶3/4与叶柄合生，分离部分披针形，先端渐尖，边缘疏生流苏状短齿，稀全缘，通常有褐色锈点。花淡紫色，有暗色条纹；花梗细弱，无毛或上部被柔毛，中部稍上处有2枚线形小苞片；萼片卵状披针形或披针形；花瓣长圆状倒卵形，侧方花瓣里面基部有须毛。蒴果长圆形，无毛。种子卵球形，深绿色。

【生物学特性】多年生草本植物，花果期3～11月。

【分布与危害】分布于陕西、甘肃、江苏、安徽、浙江、江西、福建、台湾、湖北、湖南、广东、广西、四川、贵州、云南，多见于林缘、山坡草地、田边及溪旁。为部分咖啡园特有杂草，属咖啡园次要杂草，轻度危害。

植株

叶

锦葵科Malvaceae

83. 拔毒散 *Sida szechuensis* Matsuda

【形态特征】高约1m，小枝被星状长柔毛。叶二型，下部生的宽菱形至扇形，长2.5～5cm，宽近似，先端短尖至浑圆，基部楔形，边缘具2齿，上部生的长圆状椭圆形至长圆形，长2～3cm，两端钝至浑圆，上面疏被星状毛或糙伏毛至几无毛，下面密被灰色星状毡毛；叶柄长5～10mm，被星状柔毛；托叶钻形，较短于叶柄。花单生或簇生于小枝端，花梗长约1cm，密被星状黏毛，中部以上具节；萼杯状，长约7mm，裂片三角形，疏被星状柔毛；花黄色，直径1～1.5cm，花瓣倒卵形，长约8mm；雄蕊柱长约5mm，被长硬毛。果近圆球形，直径约6mm，分果爿8～9，疏被星状柔毛，

植株

茎

具短芒；种子黑褐色，平滑，长2mm，种脐被白色柔毛。

【生物学特性】多年生直立亚灌木，以种子进行繁殖。花期6～11月。

【分布与危害】产于四川、贵州、云南和广西等地，常见于荒坡灌丛、松林边、路旁和沟谷边。为咖啡园地域性主要杂草，种群较大时危害较严重。

叶　　　　　　　　　　　　　　　　　花

84. 地桃花 *Urena lobata* L.

【形态特征】高达1m，小枝被星状茸毛。茎下部的叶近圆形，长4～5cm，宽5～6cm，先端浅3裂，基部圆形或近心形，边缘具锯齿；中部的叶卵形，长5～7cm，宽3～6.5cm；上部的叶长圆形至披针形，长4～7cm，宽1.5～3cm；叶上面被柔毛，下面被灰白色星状茸毛；叶柄长1～4cm，被灰白色星状毛；托叶线形，长约2mm，早落。花腋生，单生或稍丛生，淡红色，直径约15mm；花梗长约3mm，被棉毛；小苞片5，长约6mm，基部1/3合生；花萼杯状，裂片5，较小苞片略短，两者均被星状柔毛；花瓣5，倒卵形，长约15mm，外面被星状柔毛；雄蕊柱长约15mm，无毛；花柱枝10，微被长硬毛。果扁球形，直径约1cm，分果爿被星状短柔毛和锚状刺。

【生物学特性】多年生直立亚灌木状草本，以种子进行繁殖。花期7～10月。

【分布与危害】主要分布于长江以南各省份。为咖啡园主要杂草，危害较严重。

植株

茎

茎尖

叶

花

果实

分果片

85. 箭叶秋葵 *Abelmoschus sagittifolius* (Kurz) Merr.

【形态特征】株高40～100cm，具萝卜状肉质根，小枝被糙硬长毛。叶形多样，下部的叶卵形，中部以上的叶卵状戟形、箭形至掌状3～5浅裂或深裂，裂片阔卵形至阔披针形，长3～10cm，先端钝，基部心形或戟形，边缘具锯齿或缺刻，上面疏被刺毛，下面被长硬毛；叶柄长4～8cm，疏被长硬毛。花单生于叶腋，花梗纤细，长4～7cm，密被糙硬毛；小苞片6～12，线形，疏被长硬毛；花萼佛焰苞状，长约7mm，先端具5齿，密被细茸毛；花红色或黄色，花瓣倒卵状长圆形。蒴果椭圆形，长3～4cm，被刺毛，具短喙；种子肾形，具腺状条纹。

【生物学特性】多年生草本，以种子进行繁殖。花期5～9月。

【分布与危害】分布于广东、广西、贵州、云南等省份，常见于低丘、草坡、旷地、稀疏松林下或干燥的瘠地。为咖啡园次要杂草，轻度危害。

| 叶 | 果实 |

86. 毛刺蒴麻 *Triumfetta cana* Blume

【形态特征】嫩枝被黄褐色星状茸毛。叶卵形或卵状披针形，先端渐尖，基部圆形，上面被稀疏星状毛，下面密被星状厚茸毛，基出脉3～5条，侧脉向上行超过叶片中部，边缘有不整齐锯齿；叶柄长1～3cm。聚伞花序1枝至数枝腋生，花序柄长约3mm；花柄长1.5mm；萼片狭长圆形，长7mm，被茸毛；花瓣比萼片略短，长圆形，基部有短柄，柄有睫毛；雄蕊8～10枚或稍多；子房有刺毛，4室，柱头3～5裂。蒴果球形，有刺长5～7mm，刺弯曲，被柔毛，4片裂开，每室有种子2粒。

【生物学特性】木质草本，以种子进行繁殖。花期夏秋间。

| 植株 | 叶和茎尖 |

【分布与危害】分布于西藏、云南、贵州、广西、广东、福建，多见于次生林及灌丛中。为咖啡园次要杂草，轻度危害。

花

果实

87. 磨盘草 *Abutilon indicum* (L.) Sweet

【形态特征】株高达1～2.5m，分枝多，全株均被灰色短柔毛。叶卵圆形或近圆形，长3～9cm，宽2.5～7cm，先端短尖或渐尖，基部心形，边缘具不规则锯齿，两面均密被灰色星状柔毛；叶柄长2～4cm，被灰色短柔毛和疏丝状长毛，毛长约1mm；托叶钻形，长1～2mm，外弯。花单生于叶腋，花梗长达4cm，近顶端具节，被灰色星状柔毛；花萼盘状，绿色，直径6～10mm，密被灰色柔毛，裂片5，宽卵形，先端短尖；花黄色，直径2～2.5cm，花瓣5，长7～8mm；雄蕊柱被星状硬毛；心皮15～20，成轮状，花柱枝5，柱头头状。果为倒圆形，似磨盘，直径约1.5cm，黑色，分果爿15～20，先端截形，具短芒，被星状长硬毛；种子肾形，被星状疏柔毛。

【生物学特性】多年生直立亚灌木状草本，以种子进行繁殖。花期7～10月。

【分布与危害】分布于台湾、福建、广东、广西、贵州和云南等地，多见于海拔800m以下的平原、海边、沙地、旷野、山坡、河谷及路旁等处。仅在部分低海拔咖啡园出现，为咖啡园次要杂草，轻度危害。

植株

茎

叶　　　　　　　　　　　　　　　　　花苞

果实

88. 赛葵 *Malvastrum coromandelianum* (L.) Garcke

【形态特征】植株直立，高达1m，疏被单毛和星状粗毛。叶卵状披针形或卵形，长3～6cm，宽1～3cm，先端钝尖，基部宽楔形至圆形，边缘具粗锯齿，上面疏被长毛，下面疏被长毛和星状长毛；叶柄长1～3cm，密被长毛；托叶披针形，长约5mm。花单生于叶腋，花梗长约5mm，被长毛；

植株

小苞片线形，长5mm，宽1mm，疏被长毛；萼浅杯状，5裂，裂片卵形，渐尖头，长约8mm，基部合生，疏被单长毛和星状长毛；花黄色，直径约1.5cm，花瓣5，倒卵形，长约8mm，宽约4mm；雄蕊柱长约6mm，无毛。果实直径约6mm，分果片8～12，肾形，疏被星状柔毛，直径约2.5mm，背部宽约1mm，具2芒刺。

【生物学特性】多年生亚灌木状草本，以种子进行繁殖，亦可用地下茎芽进行繁殖。

【分布与危害】原产美洲，现我国云南、广西、福建等多地均有分布，多散生于干热草坡。为咖啡园地域性主要杂草，危害较严重。

茎　　　　　　　　　　　　　叶

花蕾　　　　　　　　　　　　果实

89. 甜麻 *Corchorus aestuans* L.

【形态特征】高约1m，茎红褐色，稍被淡黄色柔毛；枝细长，披散。叶卵形或阔卵形，长4.5～6.5cm，宽3～4cm，顶端短渐尖或急尖，基部圆形，两面均有稀疏的长粗毛，边缘有锯齿，近基部一对锯齿往往延伸成尾状的小裂片，基出脉5～7条；叶柄长0.9～1.6cm，被淡黄色的长粗毛。花单独或数朵组成聚伞花序生于叶腋或腋外，花序柄或花柄均极短或近于无；萼片5片，狭窄长圆形，长约5mm，上部半凹陷如舟状，顶端具角，外面紫红色；花瓣5片，与萼片近等长，倒卵形，黄色；雄蕊多数，长约3mm，黄色；子房长圆柱形，被柔毛，花柱圆棒状，柱头如喙，5齿裂。

蒴果长筒形，长约2.5cm，直径约5mm，具6条纵棱，其中3～4棱呈翅状突起，顶端有3～4条向外延伸的角，角二叉，成熟时3～4瓣裂，果瓣有浅横隔；种子多数。

【生物学特性】一年生草本，以种子进行繁殖。多在夏季开花。

【分布与危害】产于长江以南各省份，生长于荒地、旷野、村旁。为咖啡园地域性主要杂草，危害较严重。

植株

叶

花序

花

果实

90. 野葵 *Malva verticillata* L.

【形态特征】株高50～100cm，茎秆被星状长柔毛。叶肾形或圆形，直径5～11cm，通常为掌状5～7裂，裂片三角形，具钝尖头，边缘具钝齿，两面被极疏糙伏毛或近无毛；叶柄长2～8cm，近无毛，上面槽内被茸毛；托叶卵状披针形，被星状柔毛。花3朵至多朵簇生于叶腋，具极短柄至近无柄；小苞片3，线状披针形，长5～6mm，被纤毛；萼杯状，直径5～8mm，萼裂5，广三角形，疏被星状长硬毛；花冠长稍微超过萼片，淡白色至淡红色，花瓣5，长6～8mm，先端凹入，爪无毛或具少数细毛；雄蕊柱长约4mm，被毛；花柱分枝10～11。果扁球形，径5～7mm；分果爿10～11，背面平滑，厚1mm，两侧具网纹；种子肾形，径约1.5mm，无毛，紫褐色。

【生物学特性】多年生草本，以种子进行繁殖。花期3～11月。

【分布与危害】广布全国各省份。为咖啡园次要杂草，轻度危害。

植株

茎

叶

花

91. 长勾刺蒴麻 *Triumfetta pilosa* Roth

【形态特征】高1m；嫩枝被黄褐色长茸毛。叶厚纸质，卵形或长卵形，长3～7cm，先端渐尖或锐尖，基部圆形或微心形，上面有稀疏星状茸毛，下面密被黄褐色厚星状茸毛，基出脉3条，两侧脉上行超过叶片中部，边缘有不整齐锯齿；叶柄长1～2cm。聚伞花序1枝至数枝腋生，花序柄长5～8mm；花柄长3～5mm；苞片披针形，长1mm；萼片狭披针形，长7mm，先端有角，被毛；花瓣黄色，与萼片等长；雄蕊10枚；子房被毛。蒴果有刺，刺长8～10mm，被毛，先端有钩。

【生物学特性】木质草本或亚灌木，以种子进行繁殖。夏季开花。

【分布与危害】产于云南、四川、贵州、广西、广东，常生于干燥的低坡灌丛中。为咖啡园次要杂草，轻度危害。

| 植株 | 茎 | 叶 |

花序　　　　　　　　　　　　　　　　　果实

桔梗科Campanulaceae

92. 铜锤玉带草 *Lobelia nummularia* Lam.

【形态特征】有白色乳汁；茎平卧，被开展的柔毛，不分枝或在基部有长或短的分枝，节上生根。叶互生，叶片圆卵形、心形或卵形，边缘有牙齿，两面疏生短柔毛；具叶柄。花单生叶腋；花梗无毛；花萼筒坛状，无毛，裂片条状披针形，每边生2枚或3枚小齿；花冠紫红色、淡紫色、绿色或黄白色，花冠筒外面无毛，内面生柔毛，檐部二唇形，裂片5，上唇2裂片条状披针形，下唇裂片披针形；雄蕊在花丝中部以上连合，花丝筒无毛，花药管长1mm余，背部生柔毛，下方2枚花药顶端生髯毛。浆果，紫红色，椭圆状球形。

【生物学特性】多年生草本，以根状茎进行繁殖。全年可见花果。

【分布与危害】产于西南、华南、华东及湖南、湖北、台湾和西藏等地。生于海拔1 300m以下的田边、路旁以及丘陵、低山草坡或疏林中的潮湿地。为咖啡园次要杂草，轻度危害。

植株　　　　　　　　　　　　　叶

花　　　　　　　　　　　　　果实

菊科 Asteraceae

93. 白花地胆草 *Elephantopus tomentosus* L.

【形态特征】根状茎粗壮，斜升或平卧，具纤维状根；茎直立，高0.8～1m，或更高，基部3～6mm，多分枝，具棱条，被白色开展的长柔毛，具腺点；叶散生于茎上，基部叶在花期常凋萎，下部叶长圆状倒卵形，长8～20cm，宽3～5cm，顶端尖，基部渐狭成具翅的柄，稍抱茎，上部叶椭圆形或长圆状椭圆形，长7～8cm，宽1.5～2cm，近无柄或具短柄，最上部叶极小，全部叶具有小尖的锯齿，稀近全缘，上面皱而具疣状突起，被疏或较密短柔毛，下面被密长柔毛和腺点；头状花序12～20个在茎枝顶端密集成团球状复头状花序，复头状花序基部有3个卵状心形的叶状苞片，具细长的花序梗，排成疏伞房状；总苞长圆形，长8～10mm，宽1.5～2mm；总苞片绿色，或有时顶端紫红色，外层4枚，披针状长圆形，长4～5mm，顶端尖，具1脉，无毛或近无毛，内层4枚，椭圆状长圆形，长7～8mm，顶端急尖，具3脉，被疏贴短毛和腺点；花4朵，花冠白色，漏斗状，长5～6mm，管部细，裂片披针形，无毛；瘦果长圆状线形，长约3mm，具10条肋，被短柔毛；冠毛污白色，具5条硬刚毛，长约4mm，基部急宽成三角形。

【生物学特性】多年生草本，以种子进行繁殖。花期8月至翌年5月。

【分布与危害】产于福建、台湾、广东沿海及云南等，在各热带地区广泛分布，生于山坡旷野、路边或灌丛中。为咖啡园次要杂草，轻度危害。

植株

茎

茎尖

叶

花

果实

94. 飞机草 *Chromolaena odorata* (L.) R. M. King & H. Robinson

【形态特征】茎直立，高1～3m，苍白色，有细条纹；分枝粗壮，常对生，水平直出，茎枝密被黄色茸毛或短柔毛。叶对生，卵形、三角形或卵状三角形，长4～10cm，宽1.5～5cm，质地稍厚，有叶柄，柄长1～2cm，上面绿色，下面色淡，两面粗涩，被长柔毛及红棕色腺点，下面及沿脉的毛和腺点稠密，基部平截或浅心形或宽楔形，顶端急尖，基出三脉，侧面纤细，在叶下面稍突起，边缘有稀疏的粗大而不规则的圆锯齿或全缘或仅一侧有锯齿或每侧各有一个粗大的圆齿或三浅裂状，花序下部的叶小，常全缘。头状花序多数或少数在茎顶或枝端排成伞房状或复伞房状花序，花序径常3～6cm，少有13cm的。花序梗粗壮，密被短柔毛。总苞圆柱形，长1cm，宽4～5mm，约含20朵小花；总苞片3～4层，覆瓦状排列，外层苞片卵形，长2mm，外面被短柔毛，顶端钝，向内渐长，中层及内层苞片长圆形，长7～8mm，顶端渐尖；全部苞片有3条宽中脉，麦秆黄色，无腺点；花白色或粉红色，花冠长5mm。瘦果黑褐色，长4mm，5棱，无腺点，沿棱有稀疏白色贴紧短柔毛。

【生物学特性】多年生草本，以种子和横走根茎进行繁殖。全年可见花果，繁殖力极强。

【分布与危害】原产美洲，现分布于我国云南各地，喜干燥地、森林破坏迹地、垦荒地、路旁、住宅及田间等生境。为咖啡园重要杂草，发生量较大，极易形成飞机草群落，危害极为严重。

茎　　　　　　　　　　　　　　　　茎和叶

花序

花

95. 鬼针草 *Bidens pilosa* L.

【形态特征】茎直立，株高30～100cm，钝四棱形，无毛或上部被极稀疏的柔毛。茎下部叶较小，3裂或不分裂；中部叶具长1.5～5cm无翅的柄，三出，小叶3枚，很少为具5～7枚小叶的羽状复叶，两侧小叶椭圆形或卵状椭圆形，先端锐尖，基部近圆形或阔楔形，有时偏斜，不对称，具短柄，边缘有锯齿；顶生小叶较大，长椭圆形或卵状长圆形，先端渐尖，基部渐狭或近圆形，具柄，边缘有锯齿，无毛或被极稀疏的短柔毛；上部叶小，3裂或不分裂，条状披针形。头状花序，无舌状花，盘花筒状。瘦果黑色，条形，略扁，具棱，具倒刺毛。

植株

【生物学特性】一年生草本，以种子进行繁殖。全年可见花果。

【分布与危害】分布广泛，几乎全国各地均有分布，多见于村旁、路边及荒地中。为咖啡园重要杂草，种群数量大，影响咖啡植株的生长及相关农事操作。

叶

花苞

花　　　　　　　　　　　　　　　　　　果实

96. 红凤菜 *Gynura bicolor* (Roxb. ex Willd.) DC.

【**形态特征**】高50～100cm，全株无毛。茎直立，柔软，基部稍木质，上部有伞房状分枝，干时有条棱。叶具柄或近无柄。叶片倒卵形或倒披针形，稀长圆状披针形，长5～10cm，宽2.5～4cm，顶端尖或渐尖，基部楔状渐狭成具翅的叶柄，或近无柄而多少扩大，但不形成叶耳。边缘有不规则的波状齿或小尖齿，稀近基部羽状浅裂，侧脉7～9对，弧状上弯，上面绿色，下面干时变紫色，两面无毛；上部和分枝上的叶小，披针形至线状披针形，具短柄或近无柄。头状花序多数，直径10mm，在茎、枝端排列成疏伞房状；花序梗细，有1～3枚丝状苞片。总苞狭钟状，基部有7～9个线形小苞片；总苞片1层，约13个，线状披针形或线形，顶端尖或渐尖，边缘干膜质，背面具3条明显的肋，无毛。小花橙黄色至红色，花冠明显伸出总苞，管部细；裂片卵状三

茎

茎尖

叶

角形；花药基部圆形，或稍尖；花柱分枝钻形，被乳头状毛。瘦果圆柱形，淡褐色，无毛；冠毛丰富，白色，绢毛状，易脱落。

【生物学特性】多年生草本，以种子进行繁殖。花果期5～10月。

【分布与危害】分布于云南、贵州、四川、广西、广东、台湾，生于山坡林下、岩石上或河边湿处，海拔600～1 500m。为部分咖啡园特有杂草，属咖啡园次要杂草，轻度危害。

花序

97. 黄鹌菜 *Youngia japonica* (L.) DC.

【形态特征】株高10～100cm。根垂直直伸，生多数须根。茎直立，单生或少数茎成簇生，粗壮或细，顶端伞房花序状分枝或下部有长分枝，下部被稀疏的皱波状毛。基生叶倒披针形、椭圆形、长椭圆形或宽线形，长2.5～13cm，宽1～4.5cm，大头羽状深裂或全裂，极少有不裂的，叶柄长1～7cm，有翼或无翼，顶裂片卵形、倒卵形或卵状披针形，顶端圆形或急尖，边缘有锯齿或几全缘，侧裂片3～7对，椭圆形，向下渐小，最下方的侧裂片耳状，全部侧裂片边缘有锯齿或细锯齿或有小尖头，极少边缘全缘；无茎叶或极少有1～2枚茎生叶，且与基生叶同形并等样分裂；全部叶及叶柄被皱波状柔毛。头状花序含10～20枚舌状小花，在茎枝顶端排成伞房状花序，花序梗细。总苞圆柱状，长4～5mm；总苞片4层，外层及最外层极短，顶端急尖，内层及最内层长，长4～5mm，

植株　　　　　　　　　　　　花序

宽1～1.3mm，披针形，顶端急尖，边缘白色宽膜质，内面有贴伏的短糙毛；全部总苞片外面无毛。舌状小花黄色，花冠管外面有短柔毛。瘦果纺锤形，压扁，褐色或红褐色，长1.5～2mm，顶端无喙，有11～13条纵肋，肋上有小刺毛。冠毛长2.5～3.5mm，糙毛状。

【生物学特性】一年生草本，以种子进行繁殖。花果期4～10月。

【分布与危害】分布于北京、陕西、甘肃、山东、江苏、安徽、浙江、江西、福建、河南、四川、云南、西藏等地，多见于山坡、山谷及山沟林缘、林下、林间草地及潮湿地、河边沼泽地、田间与荒地上。为咖啡园次要杂草，轻度危害。

花

果实

98. 藿香蓟 *Ageratum conyzoides* L.

【形态特征】株高50～100cm，有时又不足10cm。无明显主根。茎粗壮，基部径4mm，或少有纤细的，而基部径不足1mm，不分枝或自基部或自中部以上分枝，或下基部平卧而节常生不定根。全部茎枝淡红色，或上部绿色，被白色短柔毛或上部被稠密开展的长茸毛。叶对生，有时上部互生，常有腋生的不发育的叶芽。中部茎叶卵形或椭圆形或长圆形，长3～8cm，宽2～5cm；自中部叶向上向下及腋生小枝上的叶渐小或小，卵形或长圆形，有时植株全部叶小型，长仅1cm，宽仅0.6mm。全部叶基部钝或宽楔形，基出三脉或不明显五出脉，顶端急尖，边缘圆锯齿，有长1～3cm的叶柄，两面被白色稀疏的短柔毛且有黄色腺点，上面沿脉处及叶下面的毛稍多，有时下面近无毛，上部叶的叶柄或腋生幼枝及腋生枝上的小叶叶柄通常被白色稠密开展的长柔毛。头状花序4～18个在茎顶排成通常紧密的伞房状花序；花序径1.5～3cm，少有排成松散伞房花序式的。花梗长0.5～1.5cm，被短柔毛。总苞钟状或半球形，宽5mm。总苞片2层，长圆形或披针状长圆形，长3～4mm，外面无毛，边缘撕裂。花冠长1.5～2.5mm，外面无毛或顶端有微柔毛，檐部5裂，淡紫色。瘦果黑褐色，5棱，长1.2～1.7mm，有白色稀疏细柔毛；冠毛膜片

植株

5个或6个，长圆形，顶端急狭或渐狭成长或短芒状，或部分膜片顶端截形而无芒状渐尖；全部冠毛膜片长1.5 ～ 3mm。

【生物学特性】一年生草本，以种子进行繁殖。全年可见花果。

【分布与危害】原产中南美洲，现广布于我国广东、广西、云南、贵州等地，常见于海拔2 800m以下的山谷、山坡林下或林缘、河边、草地、田边或荒地上。为咖啡园主要杂草，重度危害。

叶

花苞

花序

瘦果

99. 金纽扣 *Acmella paniculata* (Wall. ex DC.) R. K. Jansen

【形态特征】茎直立或斜升，高15 ～ 80cm，多分枝，带紫红色，有明显的纵条纹，被短柔毛或近无毛。节间长1 ～ 6cm。叶卵形、宽卵圆形或椭圆形，顶端短尖或稍钝，基部宽楔形至圆形，全缘，波状或具波状钝锯齿，侧脉细，2 ～ 3对，在下面稍明显，两面无毛或近无毛，叶柄长3 ～ 15mm，被短毛或近无毛。头状花序单生，或圆锥状排列，卵圆形，径7 ～ 8mm，有或无舌状花；花序梗较短，长2.5 ～ 6cm，少有更长，顶端有疏短毛；总苞片约8个，2层，绿色，卵形或卵状长圆形，顶端钝或稍尖，长2.5 ～ 3.5mm，无毛或边缘有缘毛；花托锥形，托片膜质，倒卵形；花黄色，雌花舌状，舌片宽卵形或近圆形，长1 ～ 1.5mm，顶端3浅裂；两性花花冠管状，长约2mm，有4 ～ 5个裂片。瘦果长圆形，稍扁压，长1.5 ～ 2mm，暗褐色，基部缩小，有白色的软骨质边缘，上端稍厚，有疣状腺体及疏微毛，边缘有缘毛，顶端有1～2个不等长的细芒。

【生物学特性】一年生草本，以种子进行繁殖。花果期4～11月。

【分布与危害】产于云南、广东、广西及台湾，常生于田边、沟边、溪旁潮湿地、荒地、路旁及林缘，海拔800～1900m。在普洱咖啡产区较多，为咖啡园次要杂草，轻度危害。

植株 　　　　　　　　　　　　　　　　　　　花序

100. 金腰箭 *Synedrella nodiflora* (L.) Gaertn.

【形态特征】茎直立，二歧分枝，被贴生的粗毛或后脱毛。下部和上部叶具柄，阔卵形至卵状披针形，基部下延成2～5mm宽的翅状宽柄，顶端短渐尖或有时钝，两面被贴生、基部为疣状的糙毛，在下面的毛较密，近基三出主脉，在上面明显，在下面稍凸起，有时两侧的1对基部外向分枝而似5主脉，中脉中上部常有1～4对细弱的侧脉，网脉明显或仅在下面明显。头状花序，小花黄色；总苞卵形或长圆形；苞片数个，外层总苞片绿色，叶状，卵状长圆形或披针形，背面被贴生的糙毛，顶端钝或稍尖，基部有时渐狭，内层总苞片干膜质，鳞片状，长圆形至线形，背面被疏糙毛或无毛。托片线形。雌花瘦果倒卵状长圆形，扁平，深黑色，边缘有增厚、污白色宽翅，翅缘各有6～8个长硬尖刺；冠毛2枚，刚刺状，向基部粗厚，顶端锐尖；两性花瘦果倒锥形或倒卵状圆柱形，黑色，有纵棱，腹面压扁，两面有疣状突起，腹面突起粗密；冠毛2～5，叉开，刚刺状，基部略粗肿，顶端锐尖。

植株 　　　　　　　　　　　　　　　　　　　茎尖

【生物学特性】一年生草本，以种子进行繁殖。花期6～10月。

【分布与危害】原产美洲，现分布于我国东南至西南部各省份，东起台湾，西至云南，生于旷野、耕地、路旁及宅旁，繁殖力极强。为咖啡园次要杂草，轻度危害。

叶　　　　　　　　　　　　　　　花

101. 苣荬菜 *Sonchus wightianus* DC.

【形态特征】根垂直直伸，多少有根状茎。茎直立，有细条纹，上部或顶部有伞房状花序分枝，花序分枝与花序梗被稠密的头状具柄的腺毛。基生叶多数，与中下部茎叶全形倒披针形或长椭圆形，羽状或倒向羽状深裂、半裂或浅裂，侧裂片2～5对，偏斜半椭圆形、椭圆形、卵形、偏斜卵形、偏斜三角形、半圆形或耳状，顶裂片稍大，长卵形、椭圆形或长卵状椭圆形；全部叶裂片边缘有小锯齿或无锯齿而有小尖头；上部茎叶及接花序分枝下部的叶披针形或线状钻形，小或极小；全部叶基部渐窄成长或短翼柄，但中部以上茎叶无柄，基部圆耳状扩大半抱茎，顶端急尖、短渐尖或钝，两面光滑无毛。头状花序在茎枝顶端排成伞房状花序。总苞钟状，基部有稀疏或稍稠密的长或短茸

植株

毛。总苞片3层，外层披针形，中内层披针形；全部总苞片顶端长渐尖，外面沿中脉有1行头状具柄的腺毛。舌状小花多数，黄色。瘦果稍压扁，长椭圆形，每面有5条细肋，肋间有横皱纹；冠毛白色，柔软，彼此纠缠，基部连合成环。

【生物学特性】多年生草本，以种子进行繁殖。花果期1～9月。

【分布与危害】分布于陕西、宁夏、新疆、福建、湖北、湖南、广西、四川、云南、贵州、西藏，多见于海拔300～2 300m的山坡草地、林间草地、潮湿地或近水旁、村边或河边砾石滩。为咖啡园次要杂草，轻度危害。

茎　　　　　　　　　　　　　　　叶

花序　　　　　　　　　　花　　　　　　　　　　果实

102. 苦苣菜 *Sonchus oleraceus* L.

【形态特征】根圆锥状。茎中空直立，株高40～150cm，有条纹，下部茎枝光滑无毛，上部及顶端具腺毛。基生叶羽状深裂，长椭圆形或倒披针形，或大头羽状深裂，倒披针形，或不裂，椭圆形、椭圆状戟形、三角形、三角状戟形或圆形，基部渐狭成翼柄；中下部茎叶羽状深裂或大头状羽状深裂，椭圆形或倒披针形，长3～12cm，宽2～7cm，基部急狭成翼柄，柄基圆耳状抱茎，顶裂片与侧裂片宽三角形、戟状宽三角形、卵状心形，侧生裂片1～5对，椭圆形，常下弯，全部裂片顶端急尖或渐尖；下部茎叶或接花序分枝下方的叶与中下部茎叶同形，顶端长渐尖，下部宽大，基部半抱茎；

全部叶或裂片边缘及抱茎小耳边缘有急尖锯齿或大锯齿，或上部及接花序分枝处的叶边缘大部全缘或上半部边缘全缘，顶端急尖或渐尖，两面光滑毛，质地薄。头状花序，花序梗常有腺毛或初期有蛛丝状毛。总苞宽钟状，绿色。舌状小花多数黄色。瘦果褐色，长椭圆形或长椭圆状倒披针形；冠毛白色。

【生物学特性】一年生或二年生草本，以种子进行繁殖。花果期3～10月。

【分布与危害】几乎遍及全国，种群单一，生物量小。为咖啡园次要杂草，轻度危害。

植株

茎

叶

花苞

花

果实

103. **苦荬菜** *Ixeris polycephala* Cass. ex DC.

【形态特征】根垂直直伸，生多数须根。茎直立，高10～80cm，基部直径2～4mm，上部伞房花序状分枝，或自基部多分枝或少分枝，分枝弯曲斜升，全部茎枝无毛。基生叶花期生存，线形或线状披针形，包括叶柄长7～12cm，宽5～8mm，顶端急尖，基部渐狭成柄；中下部茎叶披针形或线形，长5～15cm，宽1.5～2cm，顶端急尖，基部箭头状半抱茎，上部叶渐小，与中下部茎叶同形，基部箭头状半抱茎，或长椭圆形，基部收窄，但不成箭头状半抱茎；全部叶两面无毛，边缘全缘，极少下部边缘有稀疏的小尖头。头状花序多数，在茎枝顶端排成伞房状花序，花序梗细。总苞圆柱状，长5～7mm，果期扩大成卵球形；总苞片3层，外层及最外层极小，卵形，长0.5mm，宽0.2mm，顶端急尖，内层卵状披针形，长7mm，宽2～3mm，顶端急尖或钝，外面近顶端有鸡冠状突起或无鸡冠状突起。舌状小花黄色，极少白色，10～25枚。瘦果压扁，褐色，长椭圆形；冠毛白色，纤细，微糙，不等长，长达4mm。

茎

茎基部

叶

花

果实

【生物学特性】一年生草本，以种子进行繁殖。花果期3～6月。

【分布与危害】分布于陕西、江苏、浙江、福建、安徽、台湾、江西、湖南、广东、广西、贵州、四川、云南，生于山坡林缘、灌丛、草地、田野路旁，海拔300～2 200m。为咖啡园次要杂草，轻度危害。

104. 蓝花野茼蒿 *Crassocephalum rubens* (Jacq.) S. Moore

【形态特征】株高20～150cm；茎通常在基部反折，具条纹，单生或偶尔分枝，被短柔毛或近无毛。叶无梗；叶片倒卵形、倒披针形、椭圆形、披针形或卵形，至少在叶背面叶脉被短柔毛，基部楔形或渐狭成翅，边缘具深波状牙齿或锯齿，不裂、羽裂或羽状浅裂，先端圆形到锐尖。头状花序1～8个，单生在长花序梗上；总苞圆筒状，长0.8～1.3cm，外苞片5～22个；总苞片单层，线状披针形，等长，宽约1.5mm，顶部以下通常略带紫色，无毛或疏生短柔毛，先端紫色；小花管状，两性；花冠蓝色，紫色或淡紫色，有时粉红色或红色；裂片5；花柱分枝锐尖，具小乳突。瘦果2～2.5mm，有棱条，凹槽内有毛；冠毛多数，白色，刚毛状，长7～12mm。

【生物学特性】一年生草本，以种子进行繁殖。花期12月至翌年4月。

【分布与危害】仅在云南分布，多见于荒地、路旁及草地。为普洱及西双版纳地区咖啡园优势杂草，中度危害。

植株

叶

茎

花序

果实

105. 鳢肠 *Eclipta prostrata* (L.) L.

【形态特征】茎直立，斜升或平卧，常自基部分枝，被贴生糙毛。叶长圆状披针形或披针形，无柄或有极短的柄，顶端尖或渐尖，边缘有细锯齿或有时仅波状，两面被密硬糙毛。头状花序；总苞球状钟形，总苞片绿色，草质，5～6个排成2层，长圆形或长圆状披针形，外层较内层稍短，背面及边缘被白色短伏毛；外围的雌花2层，舌状，舌片短，顶端2浅裂或全缘，中央的两性花多数，花冠管状，白色，顶端4齿裂；花柱分枝钝，有乳头状突起；花托凸，有披针形或线形的托片，托片中部以上有微毛。瘦果暗褐色，雌花的瘦果三棱形，两性花的瘦果扁四棱形，顶端截形，具1～3个细齿，基部稍缩小，边缘具白色的肋，表面有小瘤状突起，无毛。

植株

【生物学特性】一年生草本，以种子进行繁殖，也可用茎扦插繁殖。花期6～9月。

【分布与危害】产于全国各省份，多生于河边、田边或路旁。为咖啡园常见杂草，轻度危害。

茎

茎尖

叶

花

果实

106. 南美蟛蜞菊 *Sphagneticola trilobata* (L.) Pruski

【形态特征】茎横卧地面，茎长可至2m以上。叶对生，椭圆形，叶上有3裂，因而也叫三裂叶蟛蜞菊。头状花序，多单生，外围雌花1层，舌状，顶端2～3齿裂，黄色，中央两性花，黄色，结实。瘦果。

【生物学特性】多年生草本，以种子和茎进行繁殖。全年可见花。

【分布与危害】原产热带美洲，在我国部分地区已逸生。在普洱咖啡产区有该杂草的分布，属咖啡园地域性主要杂草，中度危害。

植株

茎尖 　　　　　　　　　　　　花 　　　　　　　　　　果实

107. 泥胡菜 *Hemisteptia lyrata* (Bunge) Fischer & C. A. Meyer

【形态特征】株高30～100cm。茎单生纤细，少簇生，被稀疏蛛丝毛，上部常分枝。基生叶长椭圆形或倒披针形，花期通常枯萎；全部叶深裂或几全裂；有时全部茎叶不裂或下部茎叶不裂，边缘有锯齿或无锯齿；全部茎叶质地薄，两面异色，上面绿色，无毛，下面灰白色，被厚或薄茸毛，基生叶及下部茎叶有长叶柄，柄基扩大抱茎，上部茎叶的叶柄渐短，最上部茎叶无柄。头状花序在茎枝顶端排成疏松伞房状花序。总苞宽钟状或半球形。总苞片多层，覆瓦状排列，最外层长三角形；外层及中层椭圆形或卵状椭圆形；最内层线状长椭圆形或长椭圆形。全部苞片质地薄，草质，中外层苞片外面上方近顶端有直立的鸡冠状突起的附片，附片紫红色，内层苞片顶端长渐尖，上方染红色，但无鸡冠状突起的附片。小花紫色或红色。瘦果小，楔状或偏斜楔形，深褐色，压扁，有13～16条粗细不等的突起的尖细肋，顶端斜截形，有膜质果缘，基底着生面平或稍见偏斜。

植株

茎 　　　　　　　　　　　　　　　　叶

【生物学特性】一年生草本，以种子进行繁殖。花果期3～8月。

【分布与危害】几乎遍及全国，多见于海拔3 000m以下的山坡、山谷、平原、丘陵。为咖啡园次要杂草，但对咖啡植株生长影响较小或几乎没有。

花序

108. 牛膝菊 *Galinsoga parviflora* Cav.

【形态特征】株高10～80cm。茎纤细，基部径不足1mm，或粗壮，基部径约4mm，不分枝或自基部分枝，分枝斜升，全部茎枝被疏散或上部稠密的贴伏短柔毛和少量腺毛，茎基部和中部花期脱毛或稀毛。叶对生，卵形或长椭圆状卵形，基部圆形、宽或狭楔形，顶端渐尖或钝，基出三脉或不明显五出脉，在叶下面稍突起，在上面平，有叶柄，柄长1～2cm；向上及花序下部的叶渐小，通常披针形；全部茎叶两面粗涩，被白色稀疏贴伏的短柔毛，沿脉和叶柄上的毛较密，边缘浅或钝锯齿或波状浅锯齿，在花序下部的叶有时全缘或近全缘。头状花序半球形，有长花梗，多数在茎枝顶端排成疏松的伞房状花序，花序径约3cm。总苞半球形或宽钟状，宽3～6mm；总苞片1～2层，约5个，外层短，内层卵形或卵圆形，长3mm，顶端圆钝，白色，膜质。舌状花4～5个，舌片白色，顶端3齿裂，筒部细管状，外面被稠密白色短柔毛；管状花花冠长约1mm，黄色，下部被稠密的白色短柔毛。托片倒披针形或长倒披针形，纸质，顶端3裂或不裂或侧裂。瘦果长1～1.5mm，三棱或中央的瘦果4～5棱，黑色或黑褐色，常压扁，被白色微毛。舌状花冠毛毛状，脱落；管状花冠毛膜片状，白色，披针形，边缘流苏状，固结于冠毛环上，整体脱落。

【生物学特性】一年生草本，以种子进行繁殖。花果期7～10月。

【分布与危害】原产于南美洲，现遍布我国四川、云南、贵州、西藏等省份，多见于林下、河谷地、荒野、河边、田间、溪边或市郊路旁。为咖啡园次要杂草，轻度危害。

植株

茎

叶

花序

花

109. **婆婆针** *Bidens bipinnata* L.

【形态特征】茎直立，高30～120cm，下部略具四棱，无毛或上部被稀疏柔毛，基部直径2～7cm。叶对生，具柄，柄长2～6cm，背面微凸或扁平，腹面沟槽，槽内及边缘具疏柔毛，叶片长5～14cm，二回羽状分裂，第一次分裂深达中肋，裂片再次羽状分裂，小裂片三角状或菱状披针形，具1～2对缺刻或深裂，顶生裂片狭，先端渐尖，边缘有稀疏不规整的粗齿，两面均被疏柔毛。头状花序直径6～10mm；花序梗长1～5mm。总苞杯形，基部有柔毛，外层苞片5～7枚，条形，开花时长2.5mm，果时长达5mm，草质，先端钝，被稍密的短柔毛，内层苞片膜质，椭圆形，长3.5～4mm，花后伸长为狭披针形，及果时长6～8mm，背面褐色，被短柔毛，具黄色边缘；托片狭披针形，长约5mm，果时长可达12mm。舌状花通常1～3朵，不育，舌片黄色，椭圆形或倒卵状披针形，先端全缘或具2～3齿，盘花筒状，黄色，冠檐5齿裂。瘦果条形，略扁，具3～4棱，长12～18mm，宽约1mm，具瘤状突起及小刚毛，顶端芒刺3～4枚，很少2枚的，长3～4mm，具倒刺毛。

【生物学特性】一年生草本，以种子进行繁殖。夏秋两季可见花果。

【分布与危害】分布于东北、华北、华中、华东、华南、西南及陕西、甘肃等地，多见于路边荒地、山坡及田间。为咖啡园次要杂草，轻度危害。

植株

茎

叶

果实

110. 蒲儿根 *Sinosenecio oldhamianus* (Maxim.) B. Nord.

【形态特征】根状茎木质，粗，具多数纤维状根。茎单生，或有时数个，直立，高40～80cm或更高，基部径4～5mm，不分枝，被白色蛛丝状毛及疏长柔毛，或多少脱毛至近无毛。基部叶在花期凋落，具长叶柄；下部茎叶具柄，叶片卵状圆形或近圆形，顶端尖或渐尖，基部心形，边缘具浅至深重齿或重锯齿，齿端具小尖，膜质，上面绿色，被疏蛛丝状毛至近无毛，下面被白蛛丝状毛，有时或多或少脱毛，掌状5脉，叶脉两面明显；叶柄长3～6cm，被白色蛛丝状毛，基部稍扩大，上部叶渐小，叶片卵形或卵状三角形，基部楔形，具短柄；最上部叶卵形或卵状披针形。头状花序多数排列成顶生复伞房状花序；花序梗细，长1.5～3cm，被疏柔毛，基部通常具1线形苞片。总苞宽钟状，长3～4mm，宽2.5～4mm，无外层苞片；总苞片约13，1层，长圆状披针形，宽约1mm，顶端渐尖，紫色，草质，具膜质边缘，外面被白色蛛丝状毛或短柔毛至无毛。舌状花约13，管部长2～2.5mm，无毛，舌片黄色，长圆形，长8～9mm，宽1.5～2mm，顶端钝，具3细齿，4条脉；管状花多数，花冠黄色，长3～3.5mm，管部长1.5～1.8mm，檐部钟状；裂片卵状长圆形，长约1mm，顶端尖；花药长圆形，长0.8～0.9mm，基部钝，附片卵状长圆形；花柱分枝外弯，长

0.5mm，顶端截形，被乳头状毛。瘦果圆柱形，长1.5mm，舌状花瘦果无毛，管状花瘦果被短柔毛；舌状花瘦果无冠毛，管状花瘦果冠毛白色，长3～3.5mm。

【生物学特性】多年生草本，以种子进行繁殖。花期1～12月。

【分布与危害】几乎遍布全国，生于海拔360～2 100m的林缘、溪边、潮湿岩石边及草坡、田边。为咖啡园次要杂草，轻度危害。

茎

花序

果实

111. 蒲公英 *Taraxacum mongolicum* Hand.-Mazz.

【形态特征】根圆柱状。叶倒卵状披针形、倒披针形或长圆状披针形，每侧裂片3～5片，裂片三角形或三角状披针形，通常具齿，叶柄及主脉常带红紫色，疏被蛛丝状白色柔毛或几无毛。花葶1个至数个，上部紫红色，密被蛛丝状白色长柔毛；头状花序；总苞钟状，淡绿色；总苞片2～3层，外层总苞片卵状披针形或披针形，基部淡绿色；内层总苞片线状披针形，先端紫红色，具小角状突起；舌状花黄色。瘦果倒卵状披针形，暗褐色；冠毛白色。

【生物学特性】多年生草本，以种子进行繁殖。花期4～9月，果期5～10月。

【分布与危害】分布于我国大部分地区，多见于中、低海拔地区的山坡草地、路边、田野、河滩。为咖啡园次要杂草，轻度危害。

植株　　　　　　　　　　　　　　　花

果实

112. 千里光 *Senecio scandens* Buch.-Ham. ex D. Don

　　【形态特征】根状茎木质，粗，径达1.5cm。茎伸长，弯曲，长2～5m，多分枝，被柔毛或无毛，老时变木质，皮淡色。叶具柄，叶片卵状披针形至长三角形，长2.5～12cm，宽2～4.5cm，顶端渐尖，基部宽楔形、截形、戟形或稀心形，通常具浅或深齿，稀全缘，有时具细裂或羽状浅裂，至少向基部具1～3对较小的侧裂片，两面被短柔毛至无毛；羽状脉，侧脉7～9对，弧状，叶脉明显；叶柄长0.5～2cm，具柔毛或近无毛，无耳或基部有小耳；上部叶变小，披针形或线状披针形，长渐尖。头状花序有舌状花，多数，在茎枝端排列成顶生复聚伞圆锥花序；分枝和花序梗被短柔毛；花序梗长1～2cm，具苞片，小苞片通常1～10，线状钻形。总苞圆柱状钟形，长5～8mm，宽3～6mm，具外层苞片；苞片约8，线状钻形，长2～3mm。总苞片12～13，线状披针形，渐尖，上端和上部边缘有缘毛状短柔毛，草质，边缘宽干膜质，背面有短柔毛或无毛，具3脉。舌状花8～10，管部长4.5mm；舌片黄色，长圆形，长9～10mm，宽2mm，钝，具3细齿，具4脉；管状花多数；花冠黄色，长7.5mm，管部长3.5mm，檐部漏斗状；裂片卵状长圆形，尖，上端有乳头状毛。花药长2.3mm，基部有钝耳；耳长约为花药颈部的1/7；附片卵状披针形；花药颈部伸长，向基部略膨大；花柱分枝长1.8mm，顶端截形，有乳头状毛。瘦果圆柱形，长3mm，被柔毛；冠毛白色，长7.5mm。

【生物学特性】多年生攀缘草本，以种子进行繁殖。多秋季开花，结果。

【分布与危害】分布于西藏、陕西、湖北、四川、贵州、云南、安徽、浙江、江西、福建、湖南、广东、广西、台湾等省份，多见于森林、灌丛中，攀缘于灌木、岩石上或溪边。常见于高海拔咖啡园，为咖啡园次要杂草，轻度危害。

植株

茎尖

113. 柔毛艾纳香 *Blumea axillaris* (Lam.) DC.

【形态特征】主根粗直，有纤维状叉开的侧根。茎直立，高60～90cm，分枝或少有不分枝，具沟纹，被开展的白色长柔毛，杂有具柄腺毛。下部叶有长达12cm的柄，叶片倒卵形，长7～9cm，宽3～4cm，基部楔状渐狭，顶端圆钝，边缘有不规则的密细齿，两面被绢状长柔毛，在下面通常较密；中部叶具短柄，倒卵形至倒卵状长圆形，长3～5cm，宽2.5～3cm，基部楔尖，顶端钝或短尖，有时具小尖头；上部叶渐小，近无柄，长1～2cm，宽0.3～0.8cm。头状花序多数，无或有短柄，通常3～5个簇生，密集成聚伞状花序，再排成大圆锥花序，被密长柔毛；总苞圆柱形，总苞片近4层，草质，紫色至淡红色。花紫红色或花冠下半部淡白色；雌花多数，花冠细管状；两性花花冠管状，向上渐增大，檐部5浅裂，裂片近三角形，顶端圆形或短尖，具乳头状突起及短柔毛。瘦果圆柱形，近有角至表面圆滑，被短柔毛。冠毛白色，糙毛状，易脱落。

【生物学特性】一年生草本，以种子进行繁殖。花期几乎全年。

【分布与危害】产于云南、四川、贵州、湖南、广西、江西、广东、浙江及台湾等省份。生于田野或空旷草地，海拔400～900m。为咖啡园次要杂草，轻度危害。

茎

叶   花序

114. 匙叶合冠鼠曲 *Gamochaeta pensylvanica* (Willdenow) Cabrera

【形态特征】茎直立或斜升，株高30～45cm，基部斜倾分枝或不分枝，有沟纹，被白色棉毛。下部叶无柄，倒披针形或匙形，基部长渐狭下延，顶端钝、圆，或有时中脉延伸呈刺尖状，全缘或微波状，上面被疏毛，下面密被灰白色棉毛，侧脉2～3对，细弱，有时不明显；中部叶倒卵状长圆形或匙状长圆形，叶片于中上部向下渐狭而长下延，顶端钝、圆或中脉延伸呈刺尖状；上部叶小，与中部叶同形。头状花序，数个成束簇生，再排列成顶生或腋生、紧密的穗状花序；总苞卵形；总苞片2层，污黄色或麦秆黄色，膜质，外层卵状长圆形，顶端钝或略尖，背面被棉毛；内层与外层近等长，稍狭，线形，顶端钝、圆，背面疏被棉毛；花托干时除四周边缘外几完全凹入，无毛。雌花多数，花冠丝状，长约3mm，顶端3齿裂，花柱分枝较两性花的长。瘦果长圆形，有乳头状突起；冠毛绢毛状，污白色，易脱落，基部连合成环。

【生物学特性】一年生或两年生草本，以种子进行繁殖。花期12月至翌年5月。

【分布与危害】广泛分布于台湾、浙江、福建、江西、湖南、广东、广西、云南、四川等省份，多见于路边、耕地，耐旱性强。为咖啡园次要杂草，发生量小，危害轻。

植株   叶

花序

果实

115. 鼠曲草 *Pseudognaphalium affine* (D. Don) Anderberg

【形态特征】茎直立或基部发出的枝下部斜升，株高10～40cm或更高，基部径约3mm，上部不分枝，有沟纹，被白色厚棉毛，节间长8～20mm，上部节间罕有达5cm。叶无柄，匙状倒披针形或倒卵状匙形，长5～7cm，宽11～14mm，上部叶长15～20mm，宽2～5mm，基部渐狭，稍下延，顶端圆，具刺尖头，两面被白色棉毛，上面常较薄，叶脉1条，在下面不明显。头状花序较多或较少数，径2～3mm，近无柄，在枝顶密集成伞房状花序，花黄色至淡黄色；总苞钟形，径2～3mm；总苞片2～3层，金黄色或柠檬黄色，膜质，有光泽，外层倒卵形或匙状倒卵形，背面基部被棉毛，顶端圆，基部渐狭，长约2mm，内层长匙形，背面通常无毛，顶端钝，长2.5～3mm；花托中央稍凹入，无毛。雌花多数，花冠细管状，长约2mm，花冠顶端扩大，3齿裂，裂片无毛。两性花较少，管状，长约3mm，向上渐扩大，檐部5浅裂，裂片三角状渐尖，无毛。瘦果倒卵形或倒卵状圆柱形，长约0.5mm，有乳头状突起；冠毛粗糙，污白色，易脱落，长约1.5mm，基部连合成2束。

【生物学特性】一年生草本，以种子进行繁殖。花期4～6月，果期8～11月。

【分布与危害】分布于我国华东、华中、华南、西南及河北、台湾等地，多见于旱地、水稻田边、路旁及荒地。为咖啡园常见杂草，但发生量小，危害轻。

植株

茎

叶   花序

116. 五月艾 *Artemisia indica* Willd.

【形态特征】植株具浓烈的香气。主根明显，侧根多；根状茎稍粗短，直立或斜向上，直径3～7mm，常有短匍茎。茎单生或少数，高80～150cm，褐色或上部微带红色，纵棱明显，分枝多，开展或稍开展，枝长10～25cm；茎、枝初时微有短柔毛，后脱落。叶上面初时被灰白色或淡灰黄色茸毛，后渐稀疏或无毛，背面密被灰白色蛛丝状茸毛；基生叶与茎下部叶卵形或长卵形；中部叶卵形、长卵形或椭圆形；上部叶羽状全裂；苞片叶3全裂或不分裂，裂片或不分裂的苞片叶披针形或线状披针形。头状花序卵形、长卵形或宽卵形，多数，直径2～2.5mm，具短梗及小苞叶，直立，花后斜展或下垂，在分枝上排成穗状花序式的总状花序或复总状花序，而在茎上再组成开展或中等开展的圆锥花序；总苞片3～4层；花序托小，凸起；雌花4～8朵，花冠狭管状，檐部紫红色，具2～3裂齿；两性花8～12朵，花冠管状，外面具小腺点，檐部紫色；花药线形。瘦果长圆形或倒卵形。

【生物学特性】多年生半灌木状草本，以种子进行繁殖。花果期8～10月。

【分布与危害】产于辽宁、内蒙古、河北、山西、陕西、甘肃、山东、江苏、浙江、安徽、江西、福建、台湾、河南、湖北、湖南、广东、广西、四川、贵州、云南及西藏，多生于低海拔或中海拔湿润地区的路旁、林缘、坡地及灌丛处。为咖啡园主要杂草，中度危害。

植株

茎

叶

117. 腺梗豨莶 *Sigesbeckia pubescens* Makino

【形态特征】茎直立，粗壮，株高30～110cm，上部多分枝，被开展的灰白色长柔毛和糙毛。基部叶卵状披针形，花期枯萎；中部叶卵圆形或卵形，开展，长3.5～12cm，宽1.8～6cm，基部宽楔形，下延成具翼而长1～3cm的柄，先端渐尖，边缘有尖头状规则或不规则的粗齿；上部叶渐小，披针形或卵状披针形；全部叶上面深绿色，下面淡绿色，基出3脉，侧脉和网脉明显，两面被平伏短柔毛，沿脉有长柔毛。头状花序径18～22mm，多数生于枝端，排列成松散的圆锥花序；花梗较长，密生紫褐色头状具柄腺毛和长柔毛；总苞宽钟状；总苞片2层，叶质，背面密生紫褐色头状具柄腺毛，外层线状匙形或宽线形，长7～14mm，内层卵状长圆形，长3.5mm。舌状花花冠管部长1～1.2mm，舌片先端2～3齿裂，有时5齿裂；两性管状花长约2.5mm，冠

植株

茎

叶

檐钟状，先端4～5裂。瘦果倒卵圆形，4棱，顶端有灰褐色环状突起。

【生物学特性】一年生草本，以种子进行繁殖。花期5～8月，果期6～10月。

【分布与危害】广泛分布于吉林、辽宁、河北、山西、河南、甘肃、陕西、江苏、浙江、安徽、江西、湖北、四川、贵州、云南及西藏等地，多见于海拔160～3 400m的山坡、山谷林缘、灌丛林下的草坪中。为咖啡园地域性主要杂草，危害较严重。

花序　　　　　　　　　　　　　　　　　　果实

118. 小蓬草 *Erigeron canadensis* L.

【形态特征】根纺锤状，具纤维状根。茎直立，株高50～100cm或更高，圆柱状，多少具棱，有条纹，被疏长硬毛，上部多分枝。叶密集，基部叶花期常枯萎，下部叶倒披针形，长6～10cm，宽1～1.5cm，顶端尖或渐尖，基部渐狭成柄，边缘具疏锯齿或全缘，中部和上部叶较小，线状披针形或线形，近无柄或无柄，全缘或少有具1～2个齿，两面或仅上面被疏短毛，边缘常被上弯的硬缘毛。头状花序多数，小，径3～4mm，排列成顶生多分枝的大圆锥花序；花序梗细，长5～10mm，总苞近圆柱状，长2.5～4mm；总苞片2～3层，淡绿色，线状披针形或线形，顶端渐尖，外层约短于内层之半，背面被疏毛，内层长3～3.5mm，宽约0.3mm，边缘干膜质，无毛；花托平，径2～2.5mm，具不明显的突起；雌花多数，舌状，白色，长2.5～3.5mm，舌片小，稍超出花盘，线

叶

形，顶端具2个钝小齿；两性花淡黄色，花冠管状，长2.5～3mm，上端具4个或5个齿裂，管部上部被疏微毛。瘦果线状披针形，长1.2～1.5mm，稍扁压，被贴微毛；冠毛污白色，1层，糙毛状，长2.5～3mm。

【生物学特性】一年生草本，以种子进行繁殖。花期5～9月。

【分布与危害】原产于北美洲，现各地广泛分布，在我国南北方各省份均有分布，多见于旷野、荒地、田边和路旁。为咖啡园主要杂草，种群数量较大，危害较严重。

花　　　　　　　　　　　　　　　　　果实

119. 续断菊 Sonchus asper (L.) Hill.

【形态特征】根倒圆锥状。茎单生或少数茎成簇生长，茎直立，有纵纹或纵棱，全部茎枝光滑无毛或上部有头状具柄的腺毛。基生叶与茎生叶同形，但较小；中下部茎叶长椭圆形、倒卵形、匙状或匙状椭圆形；上部茎叶披针形，不裂，基部扩大，圆耳状抱茎。或下部叶或全部茎叶羽状浅裂、半裂或深裂，侧裂片4～5对。全部叶及裂片与抱茎的圆耳边缘有尖齿刺，两面光滑无毛。头状花序少数呈伞房状。总苞宽钟状；总苞片3～4层，绿色，外层长披针形或长三角形，中内层长椭圆状披针形至宽线形；舌状小花黄色。瘦果倒披针状，褐色。冠毛白色。

【生物学特性】一年生草本，以种子进行繁殖。花果期5～10月。

植株

【分布与危害】分布于长江流域各省份,多生于海拔1 550 ~ 3 650m的山坡、林缘及水边。为咖啡园次要杂草,发生量小,危害轻。

茎

叶

花

花苞

果实

120. **野茼蒿** *Crassocephalum crepidioides* (Benth.) S. Moore

【形态特征】株高20 ~ 120cm,茎有纵条棱,无毛。叶膜质,椭圆形或长圆状椭圆形,长7 ~ 12cm,宽4 ~ 5cm,顶端渐尖,基部楔形,边缘有不规则锯齿或重锯齿,或有时基部羽状裂,两面无或近无毛;叶柄长2 ~ 2.5cm。头状花序数个在茎端排成伞房状,直径约3cm,总苞钟状,长1 ~ 1.2cm,基部截形,有数枚不等长的线形小苞片;总苞片1层,线状披针形,等长,宽约1.5mm,具狭膜质边缘,顶端有簇状毛,小花全部管状,两性,花冠红褐色或橙红色,檐部5齿裂,花柱基部呈小球状,分枝,顶端尖,被乳头状毛。瘦果狭圆柱形,赤红色,有肋,被毛;冠毛极多数,白色,绢毛状,易脱落。

【生物学特性】一年生草本,以种子进行繁殖。花期7 ~ 12月。

【分布与危害】广布于湖北、广东、广西、贵州、云南、四川等地,多见于海拔300 ~ 1 800m的山坡路旁、水边或灌丛。为咖啡园次要杂草,种群小,危害轻。

植株 　　　　　　　　　　　　　　　　　幼苗

茎 　　　　　　　　　　　　　　　　　叶

花序 　　　　　　　　　　　　　　　　　果实

121. 夜香牛 *Cyanthillium cinereum* (L.) H. Rob.

【形态特征】茎上部分枝，被灰色贴生柔毛，具腺。下部叶和中部叶具柄，菱状卵形、菱状长圆形或卵形；上部叶窄长圆状披针形或线形，近无柄。头状花序径6～8mm，具19～23朵花，多数在枝端形成伞房状圆锥花序；花序梗细长，具线形小苞片或无苞片，被密柔毛；总苞钟状；总苞片4层，绿色或近紫色。花淡红紫色。瘦果圆柱形，无肋，被密白色柔毛和腺点；冠毛白色，2层，外层多数而短，宿存。

【生物学特性】一年生或多年生草本，以种子进行繁殖。全年可见花果。

【分布与危害】分布于浙江、江西、福建、台湾、湖北、湖南、广东、广西、云南和四川等省份，多见于山坡旷野、荒地、田边、路旁。为咖啡园次要杂草，轻度危害。

植株

茎

叶

花序

122. 一点红 *Emilia sonchifolia* (L.) DC.

【形态特征】茎直立或斜升，灰绿色。叶质较厚，下部叶大头羽状分裂，顶生裂片大，宽卵状三角形，顶端钝或近圆形，具不规则的齿，侧生裂片通常1对，长圆形或长圆状披针形，顶端钝或尖，具波状齿，上面深绿色，下面常变紫色，两面被短卷毛；中部茎叶疏生，较小，卵状披针形或长圆状披针形，无柄，基部箭状抱茎，顶端急尖，全缘或有不规则细齿；上部叶少数，线形。头状花序，在开花前下垂，花后直立，通常2～5，在枝端排列成疏伞房状；花序梗细，总苞圆柱形，基部无小苞片；总苞片1层，长圆状线形或线形，黄绿色，约与小花等长，顶端渐尖，边缘窄膜质，背面无毛。小花粉红色或紫色，管部细长，檐部渐扩大，具5深裂。瘦果圆柱形，具5棱，肋间被微毛；冠毛丰富，白色，细软。

【生物学特性】一年生草本，以种子进行繁殖。花果期7～10月。

【分布与危害】分布于云南、贵州、四川、湖北、湖南、江苏等省份，多见于海拔800～1 800m的咖啡园。为咖啡园次要杂草，轻度危害。

植株

茎

叶

花序

果实

123. 一年蓬 *Erigeron annuus* (L.) Pers.

【形态特征】茎粗壮，高30～100cm，基部径6mm，直立，上部有分枝，绿色，下部被开展的长硬毛，上部被较密上弯的短硬毛。基部叶花期枯萎，长圆形或宽卵形，少有近圆形，长4～17cm，宽1.5～4cm，或更宽，顶端尖或钝，基部狭成具翅的长柄，边缘具粗齿，下部叶与基部叶同形，但叶柄较短，中部和上部叶较小，长圆状披针形或披针形，长1～9cm，宽0.5～2cm，顶端尖，具短柄或无柄，边缘有不规则的齿或近全缘，最上部叶线形，全部叶边缘被短硬毛，两面被疏短硬毛，或有时近无毛。头状花序数个或多数，排列成疏圆锥花序，长6～8mm，宽10～15mm；总苞半球形，总苞片3层，草质，披针形，长3～5mm，宽0.5～1mm，近等长或外层稍短，淡绿色或多少褐色，背面密被腺毛和疏长节毛；外围的雌花舌状，2层，长6～8mm，管部长1～1.5mm，上部被疏微毛，舌片平展，白色，或有时淡天蓝色，线形，宽0.6mm，顶端具2小齿，花柱分枝线形；中央的两性花管状，黄色，管部长约0.5mm，檐部近倒锥形，裂片无毛。瘦果披针形，长约1.2mm，扁压，被疏贴柔毛；冠毛异形，雌花的冠毛极短，膜片状连成小冠，两性花的冠毛2层，外层鳞片状，内层为10～15条长约2mm的刚毛。

【生物学特性】二年生草本，以种子进行繁殖。花期5～6月，果期9～10月。

【分布与危害】广泛分布于东北、华北、华中、华东、华南及西南等地，喜生于肥沃向阳的地块，在干燥贫瘠的土壤中亦能生长。为咖啡园次要杂草，危害较轻。

植株

茎

叶

花

124. 异叶黄鹌菜 *Youngia heterophylla* (Hemsl.) Babc. et Stebbins

【形态特征】株高30～100cm。根垂直直伸，有多数须根。茎直立，单生或簇生，上部伞房花序状分枝，全部茎枝有稀疏的多细胞节毛。基生叶或椭圆形，顶端圆或钝，边缘有凹尖齿，或倒披针状长椭圆形，大头羽状深裂或几全裂，长达23cm，宽6～7cm，顶裂片戟形、不规则戟形、卵形或披针形，长约8cm，宽约5cm，边缘全缘、几全缘或有锯齿，基生叶的叶柄长3.5～11cm，叶柄及叶两面有稀疏的短柔毛；中下部茎叶多数，与基生叶同形并等样分裂或戟形，不裂；上部茎叶通常

植株	茎
叶	花序
花	果实

大头羽状3全裂或戟形，不裂；最上部茎叶披针形或狭披针形，不分裂；花序梗下部及花序分枝枝杈上的叶小，线状钻形；全部叶或仅基生叶下面紫红色，上面绿色。头状花序多数在茎枝顶端排成伞房状花序，含11～25枚舌状小花。总苞圆柱状，长6～7mm；总苞片4层，外层及最外层小，卵

形，长1mm，宽0.7mm，顶端急尖，内层及最内层披针形，长6～7mm，宽约1mm，顶端急尖，内面多少有短糙毛，全部总苞片外面无毛。舌状小花黄色，花冠管外面有稀疏的短柔毛。瘦果黑褐紫色，纺锤形，长3mm，向顶端渐窄，顶端无喙，有14～15条粗细不等纵肋，肋上有小刺毛；冠毛白色，长3～4mm，糙毛状。

【生物学特性】一年生或二年生草本，以种子进行繁殖。花期8～11月，果期8～12月。

【分布与危害】广泛分布于云南各地，多生于海拔420～2 250m的山坡林缘、林下及荒地。为咖啡园次要杂草，生物量小，轻度危害。

125. 翼齿六棱菊 *Laggera crispata* (Vahl) Hepper & J. R. I. Wood

【形态特征】茎粗壮，直立，高约1m，基部径5～8mm，基部木质，多分枝或上部多分枝，具沟纹，被密淡黄色短腺毛，茎翅阔，连续，宽2～5mm，具粗齿或细尖齿，节间长1～3cm。中上部叶长圆形，无柄，长5.5～10cm，宽1.5～2.5cm，基部沿茎下延成茎翅，顶端钝，边缘有疏细齿，两面被密短腺毛，中脉粗壮，侧脉通常8～10对，离缘弯拱网结，网脉明显；上部或枝叶小，长圆形，长1.5～2.5cm，宽4～6mm，顶端短尖、钝或中脉延伸成突尖状，边缘有远离的细齿或无齿。头状花序多数，径约1cm，在茎枝顶端排成大型圆柱状圆锥花序；花序梗长5～25mm，被密腺状短柔毛；总苞近钟形，长约12mm；总苞片约6层，外层叶质，绿色，长圆形，长5～6mm，

植株

叶

花序

果实

顶端短尖或渐尖，少有钝的，背面密被腺状短柔毛，内层干膜质，线形，长7～8mm，顶端短尖或渐尖，带紫红色，背面仅沿中肋被疏短柔毛或无毛。雌花多数，花冠丝状，长约7mm，檐部3～4齿裂，裂片极小，无毛；两性花较少，花冠管状，长约8mm，檐部5裂，裂片三角形，顶端稍尖，被乳头状腺毛，全部花冠淡紫红色。瘦果圆柱形，有棱，长约1mm，疏被白色柔毛。

【生物学特性】多年生草本，以种子进行繁殖。花期10月。

【分布与危害】分布于云南、广西，多见于路旁及山坡阳处。为咖啡园次要杂草，轻度危害。

126. 鱼眼草 *Dichrocephala integrifolia* (L. f.) Kuntze

【形态特征】直立或铺散，高12～50cm。茎通常粗壮，少有纤细的，不分枝或分枝自基部而铺散，或分枝自中部而斜升，基部径2～5mm；茎枝被白色茸毛，上部及接花序处的毛较密，或果期脱毛或近无毛。叶卵形，椭圆形或披针形；中部茎叶长3～12cm，宽2～4.5cm，大头羽裂，顶裂片宽大，宽达4.5cm，侧裂片1～2对，通常对生而少有偏斜的，基部渐狭成具翅的柄，柄长1～3.5cm。自中部向上或向下的叶渐小同形；基部叶通常不裂，常卵形。全部叶边缘重粗锯齿或缺刻状，少有规则圆锯齿的，叶两面被稀疏的短柔毛，下面沿脉的毛较密，或稀毛或无毛。中下部叶的叶腋通常有不发育的叶簇或小枝；叶簇或小枝被较密的茸毛。头状花序小，球形，直径3～5mm，生枝端，多数头状花序在枝端或茎顶排列成疏松或紧密的伞房状花序或伞房状圆锥花序；花序梗纤细。总苞片1～2层，膜质，长圆形或长圆状披针形，稍不等长，长约1mm，顶端急尖，微锯齿状

植株

茎

叶

花序

撕裂。外围雌花多层，紫色，花冠极细，线形，长0.5mm，顶端通常2齿；中央两性花黄绿色，少数，长0.5mm，管部短，狭细，檐部长钟状，顶端4～5齿。瘦果压扁，倒披针形，边缘脉状加厚；无冠毛，或两性花瘦果顶端有1～2个细毛状冠毛。

【生物学特性】一年生草本，以种子进行繁殖。全年可见花果。

【分布与危害】产于云南、四川、贵州、陕西南部、湖北、湖南、广东、广西、浙江、福建与台湾，多见于海拔200～2000m的山坡、山谷阴处或阳处，或山坡林下，或平川耕地、荒地或水沟边。为咖啡园次要杂草，轻度危害。

127. 羽芒菊 *Tridax procumbens* L.

【形态特征】茎纤细，平卧，节处常生多数不定根，长30～100cm，基部径约3mm，略呈四方形，分枝，被倒向糙毛或脱毛，节间长4～9mm。基部叶略小，花期凋萎；中部叶有长1cm的柄，罕有长2～3cm的，叶片披针形或卵状披针形，长4～8cm，近基部常浅裂，两面被基部为疣状的糙伏毛，基生三出脉，两侧的1对较细弱，有时不明显；上部叶小，卵状披针形至狭披针形，具短柄，长2～3cm，宽6～15mm，基部近楔形，顶端短尖至渐尖，边缘有粗齿或基部近浅裂。头状花序少数，径1～1.4cm，单生于茎、枝顶端；花序梗长10～20cm，稀达30cm，被白色疏毛，花序下方的毛稠密；总苞钟形，长7～9mm；总苞片2～3层，外层绿色，叶质或边缘干膜质，卵形或卵状长圆形，长6～7mm，顶端短尖或凸尖，背面被密毛，内层长圆形，长7～8mm，无毛，干膜质，顶端凸尖，最内层线形，光亮，鳞片状；花托稍突起，托片长约8mm，顶端芒尖或近于凸尖。雌花1层，舌状，舌片长圆形，长约4mm，宽约3mm，顶端2～3浅裂，管部长3.5～4mm，被毛；两性花多数，花冠管状，长约7mm，被短柔毛，上部稍大，檐部5浅裂，裂片长圆状或卵状渐尖，边缘有时带波浪状。瘦果陀螺形、倒圆锥形或稀圆柱状，干时黑色，长约2.5mm，密被疏毛；冠毛上部污白色，下部黄褐色，长5～7mm，羽毛状。

叶

花

托片

【生物学特性】多年生铺地草本，以种子进行繁殖。花期11月至翌年3月。

【分布与危害】产于我国台湾至东南部沿海各省份及其南部一些岛屿，生于低海拔旷野、荒地、坡地以及路旁阳处。为咖啡园次要杂草，轻度危害。

128. 云南假福王草 *Paraprenanthes yunnanensis* (Franch.) Shih

【形态特征】株高60～150cm。茎单生，直立，粗壮，上部圆锥状花序分枝，全部茎枝光滑无毛。下部及中部茎叶羽状深裂，长椭圆形或倒披针形，有翼柄，柄基箭头状抱茎，顶裂片狭长，线状长披针形，侧裂片2对，披针形或线状披针形或宽线形，裂片边缘全缘或有细密小锯齿；上部及最上部茎叶不裂，渐小，披针形或狭披针形，无柄，基部箭头状抱茎；全部叶质面薄，两面无毛。头状花序多数，沿茎枝顶端排成圆锥花序。总苞圆柱状；总苞片约4层，外层及最外层短小，三角状、披针形或椭圆状披针形，内层及最内层长，披针形、线状披针形或宽针形，全部总苞外面无毛，有时染紫红色。舌状小花9～11枚，紫红色。瘦果纺锤状。

【生物学特性】一年生草本，以种子进行繁殖。花果期5～7月。

【分布与危害】分布区域狭窄，主要分布于云南省澜沧江河谷和怒江峡谷。仅在部分咖啡园分布，为咖啡园次要杂草，轻度危害。

茎

叶

花序

花

129. 紫茎泽兰 *Ageratina adenophora* (Sprengel) R. M. King & H. Robinson

【形态特征】株高30～90cm。茎直立，分枝对生、斜上，茎上部的花序分枝伞房状；全部茎枝被白色或锈色短柔毛，上部及花序梗上的毛较密，中下部花期脱毛或无毛。叶对生，质地薄，卵形、三角状卵形或菱状卵形，长3.5～7.5cm，宽1.5～3cm，有长叶柄，柄长4～5cm，上面绿色，下面色淡，两面被稀疏的短柔毛，下面及沿脉的毛稍密，基部平截或稍心形，顶端急尖，基出3脉，侧脉纤细，边缘有粗大圆锯齿；接花序下部的叶波状浅齿或近全缘。头状花序多数在茎枝顶端排成伞房状花序或复伞房状花序，花序径2～4cm或可达12cm。总苞宽钟状，长3mm，宽4mm，含40～50朵小花；总苞片1层或2层，线形或线状披针形，长3mm，顶端渐尖。花托高起，圆锥状。管状花两性，淡紫色，花冠长3.5mm。瘦果黑褐色，长1.5mm，长椭圆形，5棱，无毛无腺点；冠毛白色，纤细，与花冠等长。

植株

茎

叶

花序

【生物学特性】多年生草本，以种子进行繁殖。花果期4～10月。

【分布与危害】原产美洲，现广泛分布于我国云南各地，多生于云南海拔1 200m以下的潮湿地或山坡路旁，或在空旷荒野可独自形成成片群落。为咖啡园重要杂草，危害严重，可导致咖啡植株生长不良，甚至死亡。

卷柏科 Selaginellaceae

130. 深绿卷柏 *Selaginella doederleinii* Hieron.

【形态特征】土生，近直立，基部横卧，高25～45cm，无匍匐根状茎或游走茎。根托达植株中部，根少分叉，被毛。主茎自下部开始羽状分枝，不呈"之"字形，无关节，禾秆色，主茎下部直径1～3mm，茎卵圆形或近方形，不具沟槽，光滑；侧枝3～6对，二至三回羽状分枝，分枝稀疏，无毛，背腹压扁。叶全部交互排列，二形，纸质，表面光滑，无虹彩，边缘不为全缘，不具白边。主茎上的腋叶较分枝上的大，卵状三角形。中叶不对称或多少对称，边缘有细齿；侧叶不对称。孢子叶穗紧密，四棱柱形；孢子叶一形，卵状三角形，边缘有细齿，白边不明显，先端渐尖，龙骨状；孢子叶穗上大、小孢子叶相间排列，或大孢子叶分布于基部的下侧。大孢子白色；小孢子橘黄色。

【生物学特性】多年生草本，以孢子进行繁殖。

【分布与危害】分布于安徽、重庆、福建、广东、贵州、广西、湖南、海南、江西、四川、台湾、香港、云南、浙江，多见于海拔200～1 350m的林下。为咖啡园次要杂草，轻度危害。

植株和叶

爵床科 Acanthaceae

131. 孩儿草 *Rungia pectinata* (L.) Nees

【形态特征】枝圆柱状，干时黄色，无毛。叶薄纸质，下部的叶长卵形，长可达6cm，通常4cm左右，顶端钝，基部渐狭或有时近急尖，两面被紧贴疏柔毛；侧脉每边5条，常不甚明显；叶柄长3～4mm或过之。穗状花序紧密，顶生和腋生，长1～3cm；苞片4列，仅2列有花，有花的苞片近圆形或阔卵形，长约4mm，背面被长柔毛，膜质边缘宽约0.5mm，被缘毛，无花的苞片长圆状披针形，长约6.5mm，顶端具硬尖头，一侧或有时二侧均有狭窄的膜质边缘和缘毛；小苞片稍小；花萼裂片线形，等大，长约3mm；花冠淡蓝色或白色，长约5mm，除下唇外无毛，上唇顶端骤然收狭，下唇裂片近三角形。蒴果长约3mm，无毛。

【生物学特性】一年生纤细草本，以种子进行繁殖。早春开花。

【分布与危害】产于广东、海南、广西、云南，多生于草地上。为咖啡园常见的野生杂草，属咖啡园次要杂草，轻度危害。

叶

花

果实

132. 假杜鹃 *Barleria cristata* L.

【形态特征】高达2m。茎圆柱状，被柔毛，有分枝。长枝叶叶柄长3～6mm，叶片纸质，椭圆形、长椭圆形或卵形，长3～10cm，宽1.3～4cm，先端急尖，有时有渐尖头，基部楔形，下延，两面被长柔毛，脉上较密，全缘，侧脉4～7对，长枝叶常早落；腋生短枝的叶小，具短柄，叶片椭圆形或卵形，长2～4cm，宽1.5～2.3cm，叶腋内通常着生2朵花。短枝有分枝，花在短枝上密集。花的苞片叶形，无柄，小苞片披针形或线形，长10～15mm，宽约1.5mm，先端渐尖，具锐尖头，主脉明显，边缘被贴伏或开展的糙伏毛，有时有小锯齿，齿端具尖刺。有时花退化而只有2枚不孕的小苞片；外2萼片卵形至披针形，长1.2～2cm，前萼片较后萼片稍短，先端急尖具刺尖，基部圆，边缘有小点，齿端具刺尖，脉纹甚显著，内2萼片线形或披针形，长6～7mm，1脉，有缘毛，花冠蓝紫色或白色，二唇形，通常长3.5～5cm，有时可长达7.5mm，花冠管圆筒状，喉部渐大，冠檐5裂，裂片近相等，长圆形；能育雄蕊4枚，2枚长2枚短，着生于喉基部，长雄蕊花药2室并生，短雄蕊花药顶端相连，下面叉开，不育雄蕊1枚，所有花丝均被疏柔毛，向下部较密；子房扁，长椭圆形，无毛，花盘杯状，包被子房下部，花柱线状无毛，柱头略膨大。蒴果长圆形，长1.2～1.8cm，两端急尖，无毛。

【生物学特性】多年生小灌木，以种子进行繁殖。花期11～12月。

【分布与危害】产于台湾、福建、广东、海南、广西、四川、贵州、云南和西藏等省份，生于海拔700～1 100m的山坡、路旁或疏林下阴处，也可生于干燥草坡或岩石中。为部分咖啡园特有杂草，中度危害。

植株

茎尖

叶

花

133. 爵床 *Justicia procumbens* L.

【形态特征】茎基部匍匐，通常有短硬毛，高20～50cm。叶椭圆形至椭圆状长圆形，先端锐尖或钝，基部宽楔形或近圆形，两面常被短硬毛；叶柄短，长3～5mm，被短硬毛。穗状花序顶生或生上部叶腋；苞片1，小苞片2，均披针形，有缘毛；花萼裂片4，线形，约与苞片等长，有膜质边缘和缘毛；花冠粉红色，长7mm，二唇形，下唇3浅裂；雄蕊2枚，药室不等高，下方1室有距。蒴果长约5mm，上部具4粒种子，下部实心似柄状；种子表面有瘤状皱纹。

【生物学特性】一年或多年生草本，以种子进行繁殖。夏秋两季可见花果。

【分布与危害】分布于江苏、台湾、广东、云南、西藏等省份，多见于海拔2 400m以下的山坡林地草丛。为咖啡园次要杂草，轻度危害。

植株

茎

叶

花序

花

134. 三花枪刀药 *Hypoestes triflora* (Forssk.) Roem. & Schult.

【形态特征】茎多分枝，有关节，节间通常伸长。叶卵状椭圆形至椭圆状矩圆形，顶端渐尖，边缘具极浅的钝齿，长3～10cm，宽1.5～5cm，两面疏生短柔毛。花序由1～5个聚伞花序集成，交互生于枝顶或上部叶腋，聚伞花序近无梗，苞片不等，外方2枚相连成总苞状，倒披针状矩圆形至倒卵状矩圆形，基部楔形，顶端绿色而带肉质，有短柔毛，其余4～6枚仅基部相连，较小，线状至披针形，急尖，干膜质而非绿色；花萼裂片4，条状披针形，长约5mm；花冠长约1.5cm，外生短柔毛，二唇形，下唇微3裂；雄蕊2枚，花药1室。蒴果长约9mm，上部具4粒种子，下部实心；种子有小疣状凸起。

【生物学特性】多年生草本，以种子和茎进行繁殖。

【分布与危害】仅在云南有分布报道，多生于海拔300～2 100m的路边或林下。为部分咖啡园特有杂草，属咖啡园次要杂草，轻度危害。

植株　　　　　　　　　　　　　　　　茎尖

叶　　　　　　　　　　　　　　　　花

蓼科 Polygonaceae

135. **何首乌** *Pleuropterus multiflorus* (Thunb.) Nakai

【形态特征】块根肥厚，长椭圆形，黑褐色。茎缠绕，长2～4m，多分枝，具纵棱，无毛，微粗糙，下部木质化。叶卵形或长卵形，长3～7cm，宽2～5cm，顶端渐尖，基部心形或近心形，两面粗糙，边缘全缘；叶柄长1.5～3cm；托叶鞘膜质，偏斜，无毛，长3～5mm。花序圆锥状，顶生或腋生，长10～20cm，分枝开展，具细纵棱，沿棱密被小突起；苞片三角状卵形，具小突起，顶端尖，每苞内具2～4朵花；花梗细弱，长2～3mm，下部具关节，果时延长；花被5深裂，白色或淡绿

植株

色，花被片椭圆形，大小不相等；雄蕊8枚，花丝下部较宽；花柱3枚，极短，柱头头状。瘦果卵形，具3棱，长2.5 ～ 3mm，黑褐色，有光泽，包于宿存花被内。

【生物学特性】多年生缠绕藤本，以块茎或种子进行繁殖。花期8 ～ 9月，果期9 ～ 10月。

【分布与危害】云南各地均有分布，多见于海拔200 ～ 3 000m的山谷灌丛、山坡林地及沟边石隙。为咖啡园主要杂草，多年发生后大量茎缠绕在咖啡植株上，对咖啡植株影响较大，可导致植株折断或死亡。

茎　　　　　　　　　　　　　　　　　　　　叶

136. 火炭母 *Persicaria chinensis* (L.) H. Gross

【形态特征】株高达1m，茎直立，无毛，多分枝；叶卵形或长卵形，先端渐尖，基部平截或宽心形，无毛，下面有时沿叶脉疏被柔毛；下部叶叶柄基部常具叶耳，上部叶近无柄或抱茎，托叶鞘膜质，无毛，偏斜，无缘毛；头状花序常数个组成圆锥状，花序梗被腺毛；苞片宽卵形；花被5深裂，白或淡红色，花被片卵形，果时增大；雄蕊8枚；花柱3枚，中下部连合。瘦果宽卵形，具3棱。

【生物学特性】多年生草本，以茎或种子进行繁殖。花期7 ～ 9月，果期8 ～ 10月。

【分布与危害】分布于贵州、广东、云南等地，多见于潮湿的生境，如山谷湿地、山坡草地。为咖啡园地域性主要杂草，生物量大，中度危害。

植株　　　　　　　　　　　　　　　　　　　茎

茎尖　　　　　　　　　　　　　　　　　叶

137. 金荞麦 *Fagopyrum dibotrys* (D. Don) Hara

【形态特征】根状茎木质化，黑褐色。茎直立，高50～100cm，分枝，具纵棱，无毛，有时一侧沿棱被柔毛。叶三角形，长4～12cm，宽3～11cm，顶端渐尖，基部近戟形，边缘全缘，两面具乳头状突起或被柔毛；叶柄长可达10cm；托叶鞘筒状，膜质，褐色，长5～10mm，偏斜，顶端截形，无缘毛。花序伞房状，顶生或腋生；苞片卵状披针形，顶端尖，边缘膜质，长约3mm，每苞内具2～4朵花；花梗中部具关节，与苞片近等长；花被5深裂，白色，花被片长椭圆形，长约2.5mm，雄蕊8枚，比花被短，花柱3枚，柱头头状。瘦果宽卵形，具3锐棱，长6～8mm，黑褐色，无光泽。

茎

叶

【生物学特性】多年生草本，以种子进行繁殖。花期7～9月，果期8～10月。

【分布与危害】分布于陕西、华东、华中、华南及西南，多见于海拔250～3 200m的山谷湿地、山坡灌丛。为咖啡园次要杂草，轻度危害。

花序 　　　　　　　　　　　　花

138. 扛板归 *Persicaria perfoliata* (L.) H. Gross

【形态特征】茎攀缘，多分枝，长1～2m，具纵棱，沿棱具稀疏的倒生皮刺。叶三角形，长3～7cm，宽2～5cm，顶端钝或微尖，基部截形或微心形，薄纸质，上面无毛，下面沿叶脉疏生皮刺；叶柄与叶片近等长，具倒生皮刺，盾状着生于叶片的近基部；托叶鞘叶状，草质，绿色，圆形或近圆形，穿叶，直径1.5～3cm。总状花序呈短穗状，不分枝顶生或腋生，长1～3cm；苞片卵圆形，每苞片内具花2～4朵；花被5深裂，白色或淡红色，花被片椭圆形，长约3mm，果时增大，呈肉质，深蓝色；雄蕊8枚，略短于花被；花柱3枚，中上部合生；柱头头状。瘦果球形，直径3～4mm，黑色，有光泽，包于宿存花被内。

【生物学特性】一年生攀缘草本，以种子进行繁殖。花期6～8月，果期7～10月。

【分布与危害】分布广泛，我国西南部、东南部，北至华北和东北均有，常见于山坡灌丛和疏林中，单株生物量大，会攀附在植株上，危害较大；同时，倒生皮刺影响正常农事操作。为咖啡园地域性主要杂草，危害严重。

植株 　　　　　　　　　　　　茎（幼）

茎（老）　　　　　　　　　　　　叶

叶柄　　　　　　　　　　　　　顶芽

139. **苦荞麦** *Fagopyrum tataricum* (L.) Gaertn.

【形态特征】茎直立，分枝，绿色或微呈紫色，有细纵棱，一侧具乳头状突起。叶宽三角形，两面沿叶脉具乳头状突起，下部叶具长叶柄，上部叶较小具短柄；托叶鞘偏斜，膜质，黄褐色。总状花序，顶生或腋生，花排列稀疏；苞片卵形；花被5深裂，白色或淡红色，花被片椭圆形。瘦果长

植株　　　　　　　　　　　　　茎

卵形，黑褐色。

【生物学特性】一年生草本，以种子进行繁殖。花期6～9月，果期8～10月。

【分布与危害】在我国东北、华北、西北、西南山区有栽培，有时为野生，多分布于海拔500～3 900m的田边、路旁、山坡及河谷。为部分咖啡园常见杂草，属咖啡园次要杂草，轻度危害。

叶

花序

140. 尼泊尔蓼 *Persicaria nepalensis*(Meisn.) H. Gross

【形态特征】茎高20～60cm，直立或倾斜，细弱，常分枝。叶片卵形或卵状披针形，先端渐尖，基部宽楔形，并沿着叶柄下延呈翅状，下部叶有叶柄，上部叶无柄或短柄，托叶鞘膜质。头状花序，顶生或腋生。瘦果扁卵圆形。

【生物学特性】一年生草本，以种子进行繁殖。夏秋两季可见花果。

【分布与危害】除新疆外，全国有分布，多见于海拔200～4 000m的山坡草地、山谷路旁。为咖啡园次要杂草，轻度危害。

植株

茎

叶

花序

141. 酸模叶蓼 *Persicaria lapathifolia* (L.) Delarbre

【形态特征】高40～90cm。茎直立，具分枝，无毛，节部膨大。叶披针形或宽披针形，长5～15cm，宽1～3cm，顶端渐尖或急尖，基部楔形，上面绿色，常有一个大的黑褐色新月形斑点，两面沿中脉被短硬伏毛，全缘，边缘具粗缘毛；叶柄短，具短硬伏毛；托叶鞘筒状，长1.5～3cm，膜质，淡褐色，无毛，具多数脉，顶端截形，无缘毛，稀具短缘毛。总状花序呈穗状，顶生或腋生，近直立，花紧密，通常由数个花穗再组成圆锥状，花序梗被腺体；苞片漏斗状，边缘具稀疏短缘毛；花被淡红色或白色，花被片椭圆形，脉粗壮，外弯；雄蕊通常6枚。瘦果宽卵形，双凹，黑褐色，有光泽，包于宿存花被内。

【生物学特性】一年生草本，以种子进行繁殖。花期6～8月，果期7～9月。

【分布与危害】广布于我国南北各省份，生于田边、路旁、水边、荒地或沟边湿地，海拔30～3 900m。多见于较为潮湿的咖啡园，为咖啡园次要杂草，轻度危害。

植株

茎

叶　　　　　　　　　　　　　　　　　花序

142. **头花蓼** *Persicaria capitata* (Buch.-Ham. ex D. Don) H. Gross

【形态特征】茎匍匐，丛生，多分枝，疏被腺毛或近无毛；一年生枝近直立，疏被腺毛。叶卵形或椭圆形，先端尖，基部楔形，全缘，上面有时具黑褐色新月形斑点，叶柄基部有时具叶耳，托叶鞘具缘毛。头状花序单生或成对，顶生，花被5深裂，淡红色，椭圆形；雄蕊8枚，花柱3枚，中下部连合。瘦果长卵形，具3棱，黑褐色。

植株　　　　　　　　　　　　　　　　茎和花序

叶　　　　　　　　　　　　　　　　　花序

【生物学特性】多年生草本，以茎或种子进行繁殖。花期6～9月，果期8～10月。

【分布与危害】分布于我国江西、湖南、湖北、广东、广西及西南各省份，南亚及中南半岛北部有分布。多见于海拔600～3 500m较为湿润的咖啡园，为咖啡园次要杂草，轻度危害。

143. 习见萹蓄 *Polygonum plebeium* R. Br.

【形态特征】茎平卧，自基部分枝，长10～40cm，具纵棱，沿棱具小突起，通常小枝的节间比叶片短。叶狭椭圆形或倒披针形，长0.5～1.5cm，宽2～4mm，顶端钝或急尖，基部狭楔形，两面无毛，侧脉不明显；叶柄极短或近无柄；托叶鞘膜质，白色，透明，长2.5～3mm，顶端撕裂。花3～6朵，簇生于叶腋，遍布于全植株；苞片膜质；花梗中部具关节，比苞片短；花被5深裂；花被片长椭圆形，绿色，背部稍隆起，边缘白色或淡红色，长1～1.5mm；雄蕊5枚，花丝基部稍扩展，比花被短；花柱3枚，稀2枚，极短，柱头头状。瘦果宽卵形，具3锐棱或双凸镜状，长1.5～2mm，黑褐色，平滑，有光泽，包于宿存花被内。

【生物学特性】一年生草本，以种子和匍匐茎进行繁殖。花期5～8月，果期6～9月。

【分布与危害】分布几遍全国，生于海拔30～2 200m的田边、路旁、水边湿地。为咖啡园次要杂草，轻度危害。

植株

茎尖

花

144. 皱叶酸模 *Rumex crispus* L.

【形态特征】根粗壮，黄褐色。茎直立，高50～120cm，不分枝或上部分枝，具浅沟槽。基生叶披针形或狭披针形，长10～25cm，宽2～5cm，顶端急尖，基部楔形，边缘皱波状；茎生叶较小，狭披针形；叶柄长3～10cm；托叶鞘膜质，易破裂。花序狭圆锥状，花序分枝近直立或上升；花两性，淡绿色；花梗细，中下部具关节，果时关节稍膨大；花被片6，外花被片椭圆形，长约1mm，果时内花被片增大，宽卵形，长4～5mm，网脉明显，顶端稍钝，基部近截形，边缘近全缘，全部具小瘤，稀1片具小瘤，小瘤卵形，长1.5～2mm。瘦果卵形，顶端急尖，具3锐棱，暗褐色，有光泽。

【生物学特性】多年生草本，以种子进行繁殖。花期5～6月，果期6～7月。

【分布与危害】广泛分布于我国东北、华北、西北及福建、广西、四川、云南等地，多见于山坡湿地、沟谷、河岸或道路两旁。为咖啡园次要杂草，轻度危害。

植株

茎

花序

列当科 Orobanchaceae

145. 钟萼草 *Lindenbergia philippensis* (Cham.) Benth.

【形态特征】株高可达1m，全体被多细胞腺毛。茎圆柱形，下部木质化，多分枝。叶多，叶柄长6～12mm，叶片卵形至卵状披针形，纸质，长2～8cm，端急尖或渐尖，基部狭楔形，边缘具尖锯齿。花近于无梗，集成顶生稠密的穗状总状花序，长6～20cm，仅基部有间断；苞片狭披针形，较萼稍短；花萼长5～6mm，主脉5条明显，萼齿尖锐，钻状三角形，与萼筒等长；花冠黄色，外面带紫斑，多少被毛，花冠筒较花萼约长1倍，上唇顶端近于截形，有时有凹缺，下唇较长，花药有长药隔，具柄；子房顶端及花柱基部被毛。蒴果长卵形，长5～6mm，密被棕色梗毛；种子长约0.5mm，黄色，表面粗糙。

【生物学特性】多年生草本，以种子进行繁殖。花果期11月至翌年3月。

【分布与危害】分布于云南、贵州、广西、广东、湖南、湖北，常见于海拔1 200～2 600m的干山坡、岩缝及墙缝中。为咖啡园地域性主要杂草，危害较严重。

茎

茎尖

花序

果实

鳞始蕨科 Lindsaeaceae

146. 乌蕨 *Odontosoria chinensis* J. Sm.

【形态特征】植株高达65cm。根状茎短而横走，粗壮，密被赤褐色的钻状鳞片。叶近生，叶柄长达25cm，禾秆色至褐禾秆色，有光泽，直径2mm，圆，上面有沟，除基部外，通体光滑；叶片披针形，长20～40cm，宽5～12cm，先端渐尖，基部不变狭，四回羽状；羽片15～20对，互生，密接，有短柄，斜展，卵状披针形，长5～10cm，宽2～5cm，先端渐尖，基部楔形；叶脉上面不显，下面明显。叶坚草质，干后棕褐色，通体光滑。孢子囊群边缘着生，每裂片上1枚或2枚，顶生1～2条细脉上；囊群盖灰棕色，革质，半杯形，宽，与叶缘等长，近全缘或多少啮蚀状，宿存。

【生物学特性】多年生蕨类，以根状茎和孢子进行繁殖。

【分布与危害】分布于福建、台湾、安徽、江西、广东、海南、广西、湖南、湖北、四川及云南等地，常见于海拔200～1900m的林下或灌丛中阴湿地。为咖啡园次要杂草，轻度危害。

植株

叶

柳叶菜科 Onagraceae

147. 粉花月见草 *Oenothera rosea* L'Hér. ex Ait.

【形态特征】茎常丛生，上升，长30～50cm，多分枝，被曲柔毛，上部幼时密生，有时混生长柔毛，下部常紫红色。基生叶紧贴地面，倒披针形，长1.5～4cm，宽1～1.5cm，先端锐尖或钝圆，自中部渐狭或骤狭，并不规则羽状深裂下延至柄；叶柄淡紫红色，长0.5～1.5cm，开花时基生叶枯萎。茎生叶灰绿色，披针形（轮廓）或长圆状卵形，长3～6cm，宽1～2.2cm，先端下部的钝状锐尖，中上部的锐尖至渐尖，基部宽楔形并骤缩下延至柄，边缘具齿突，基部细羽状裂，侧脉6～8对，两面被曲柔毛；叶柄长1～2cm。花单生于茎、枝顶部叶腋，近早晨日出开放；花蕾绿色，锥状圆柱形，长1.5～2.2cm，顶端萼齿紧缩成喙；花管淡红色，长5～8mm，被曲柔毛，萼片绿色，带红色，披针形，长6～9mm，宽2～2.5mm，先端萼齿长1～1.5mm，背面被曲柔毛，开花时反折再向上翻；花瓣粉红至紫红色，宽倒卵形，长6～9mm，宽3～4mm，先端钝圆，具4～5对羽状脉；花丝白色至淡紫红色，长5～7mm；花药粉红色至黄色，长圆状线形，长约3mm；子房花期狭椭圆状，长约8mm，连同花梗长6～10mm，密被曲柔毛；花柱白色，长8～12mm，伸出

植株

茎和果实

花管部分长4～5mm；柱头红色，围以花药，裂片长约2mm，花粉直接授在裂片上。蒴果棒状，长8～10mm，径3～4mm，具4条纵翅，翅间具棱，顶端具短喙；果梗长6～12mm。种子每室多数，近横向簇生，长圆状倒卵形，长0.7～0.9mm，径0.3～0.5mm。

【生物学特性】多年生草本，以种子进行繁殖。花期4～11月，果期9～12月。

【分布与危害】原产美国得克萨斯州南部至墨西哥，我国浙江、贵州、云南等地多为逃逸野生。多见于海拔1 000～2 000m较为湿润的咖啡园，为难以清除的恶性杂草，属咖啡园地域性主要杂草，危害严重。

叶

花苞

花

果实

落葵科 Basellaceae

148. **落葵薯** *Anredera cordifolia* (Tenore) Steenis

【形态特征】长可达数米。根状茎粗壮。叶具短柄，叶片卵形至近圆形，长2～6cm，宽1.5～5.5cm，顶端急尖，基部圆形或心形，稍肉质，腋生小块茎（珠芽）。总状花序具多花，花序轴纤细，下垂，长7～25cm；苞片狭，不超过花梗长度，宿存；花梗长2～3mm，花托顶端杯状，花常由此脱落；下面1对小苞片宿存，宽三角形，急尖，透明，上面1对小苞片淡绿色，比花被短，宽椭圆形至近圆形；花直径约5mm；花被片白色，渐变黑，开花时张开，卵形、长圆形至椭圆形，顶端钝圆，长约3mm，宽约2mm；雄蕊白色，花丝顶端在芽中反折，开花时伸出花外；花柱白色，分裂成3个柱头臂，每臂具1枚棍棒状或宽椭圆形柱头。果实、种子未见。

【生物学特性】多年生缠绕藤本，以叶腋中的小块茎（珠芽）进行繁殖。花期6～10月。

【分布与危害】原产南美热带地区，我国江苏、浙江、福建、广东、四川、云南及北京有栽培。部分距村落较近的咖啡园有分布，属地域性主要杂草，以藤本缠绕咖啡植株进行危害，危害较为严重。

茎

叶

块茎

马鞭草科 Verbenaceae

149. 马鞭草 *Verbena officinalis* L.

【形态特征】高30～120cm。茎四方形，近基部可为圆形，节和棱上有硬毛。叶片卵圆形至倒卵形或长圆状披针形，长2～8cm，宽1～5cm，基生叶的边缘通常有粗锯齿和缺刻，茎生叶多数3深裂，裂片边缘有不整齐锯齿，两面均有硬毛，背面脉上尤多。穗状花序顶生和腋生，细弱，结果时长达25cm，花小，无柄，最初密集，结果时疏离；苞片稍短于花萼，具硬毛；花萼长约2mm，被硬毛，有5脉，脉间凹穴处质薄而色淡；花冠淡紫至蓝色，长4～8mm，外面有微毛，裂片5；雄蕊4枚，着生于花冠管的中部，花丝短；子房无毛。果长圆形，长约2mm，外果皮薄，成熟时4瓣裂。

【生物学特性】多年生草本，以种子进行繁殖。花期6～8月，果期7～10月。

【**分布与危害**】在云南全省均有分布，多生长于低海拔至高海拔的路边、山坡、溪边或林旁。为咖啡园次要杂草，对咖啡植株生长几乎无影响。

植株

叶

花序

果实

150. 马缨丹 *Lantana camara* L.

【**形态特征**】株高1～2m，有时藤状，长达4m；茎枝均呈四方形，有短柔毛，通常有短的倒钩状刺。单叶对生，揉烂后有强烈的气味，叶片卵形至卵状长圆形，长3～8.5cm，宽1.5～5cm，顶端急尖或渐尖，基部心形或楔形，边缘有钝齿，表面有粗糙的皱纹和短柔毛，背面有小刚毛，侧脉约5对；叶柄长约1cm。花序直径1.5～2.5cm；花序梗粗壮，长于叶柄；苞片披针形，长为花萼的1～3倍，外部有粗毛；花萼管状，膜质，长约1.5mm，顶端有极短的齿；花冠黄色或橙黄色，开花后不久转为深红色，花冠管长约1cm，两面有细短毛，直径4～6mm；子房无毛。果圆球形，直径约4mm，成熟时紫黑色。

【**生物学特性**】多年生直立或蔓生灌木，以种子进行繁殖。全年可见花果。

【分布与危害】原产美洲热带地区，现分布于我国台湾、福建、广东、广西，多见于海拔80～1 500m的海边沙滩和空旷地区。部分咖啡园可见，为咖啡园地域性主要杂草，生长量大，危害较严重。

茎　　　　　　　　　　　　　　　　叶

花

果实

果蒂

马齿苋科 Portulacaceae

151. 马齿苋 *Portulaca oleracea* L.

【形态特征】全株无毛。茎平卧或斜倚，伏地铺散，多分枝，圆柱形，长10～15cm，淡绿色或带暗红色。叶互生，有时近对生，叶片扁平，肥厚，倒卵形，似马齿状，长1～3cm，宽0.6～1.5cm，顶端圆钝或平截，有时微凹，基部楔形，全缘，上面暗绿色，下面淡绿色或带暗红色，中脉微隆起；叶柄粗短。花无梗，直径4～5mm，常3～5朵簇生枝端，午时盛开；苞片2～6，叶状，膜质，近轮生；萼片2，对生，绿色，盔形，左右压扁，长约4mm，顶端急尖，背部具龙骨状凸起，基部合生；花瓣5，稀4，黄色，倒卵形，长3～5mm，顶端微凹，基部合生；雄蕊通常8枚，或更多，长约12mm，花药黄色；子房无毛，花柱比雄蕊稍长，柱头4～6裂，线形。蒴果卵球形，长约5mm，盖裂；种子细小，多数，偏斜球形，黑褐色，有光泽，直径不及1mm，具小疣状凸起。

【生物学特性】一年生草本，性喜肥沃土壤，耐旱亦耐涝，生活力强，以茎和种子进行繁殖。花期5～8月，果期6～9月。

植株

茎

【分布与危害】我国南北各地均产，多生于菜园、农田、路旁。为咖啡园地域性主要杂草，种群较大时，危害较严重。

茎尖 叶

牻牛儿苗科Geraniaceae

152. 尼泊尔老鹳草 *Geranium nepalense* Sweet

【形态特征】高30～50cm。根为直根，多分枝，纤维状。茎多数，细弱，多分枝，仰卧，被倒生柔毛。叶对生或偶为互生；托叶披针形，棕褐色干膜质，长5～8mm，外被柔毛；基生叶和茎下部叶具长柄，柄长为叶片的2～3倍，被开展的倒向柔毛；叶片五角状肾形，茎部心形，掌状5深裂，裂片菱形或菱状卵形，长2～4cm，宽3～5cm，先端锐尖或钝圆，基部楔形，中部以上边缘齿状浅裂或缺刻状，表面被疏伏毛，背面被疏柔毛，沿脉被毛较密；上部叶具短柄，叶片较小，通常3裂。总花梗腋生，长于叶，被倒向柔毛，每梗2朵花，少有1朵花；苞片披针状钻形，棕褐色干膜质；萼片卵状披针形或卵状椭圆形，长4～5mm，被疏柔毛，先端锐尖，具短尖头，边缘膜

植株 茎

质；花瓣紫红色或淡紫红色，倒卵形，等于或稍长于萼片，先端截平或圆形，基部楔形，雄蕊下部扩大成披针形，具缘毛；花柱不明显，柱头分枝长约1mm。蒴果长15～17mm，果瓣被长柔毛，喙被短柔毛。

【生物学特性】多年生草本，以种子或匍匐茎进行繁殖。花期4～9月，果期5～10月。

【分布与危害】分布于秦岭以南的陕西、湖北西部、四川、贵州、云南和西藏东部，生于山地阔叶林林缘、灌丛、荒山草坡。为咖啡园次要杂草，轻度危害。

叶

花苞

花

果实

153. 野老鹳草 *Geranium carolinianum* L.

【形态特征】高20～60cm，根纤细，单一或分枝，茎直立或仰卧，单一或多数，具棱角，密被倒向短柔毛。基生叶早枯，茎生叶互生或最上部对生；托叶披针形或三角状披针形，长5～7mm，宽1.5～2.5mm，外被短柔毛；茎下部叶具长柄，柄长为叶片的2～3倍，被倒向短柔毛，上部叶柄渐短；叶片圆肾形，长2～3cm，宽4～6cm，基部心形，掌状5～7裂至近基部，裂片楔状倒卵形或菱形，下部楔形、全缘，上部羽状深裂，小裂片条状矩圆形，先端急尖，表面被短伏毛，背面主要沿脉被短伏毛。花序腋生和顶生，长于叶，被倒生短柔毛和开展的长腺毛，每总花梗具2

花，顶生总花梗常数个集生，花序呈伞形状；花梗与总花梗相似，等于或稍短于花；苞片钻状，长 3～4mm，被短柔毛；萼片长卵形或近椭圆形，长5～7mm，宽3～4mm，先端急尖，具长约1mm 尖头，外被短柔毛或沿脉被开展的糙柔毛和腺毛；花瓣淡紫红色，倒卵形，稍长于萼，先端圆形，基部宽楔形，雄蕊稍短于萼片，中部以下被长糙柔毛；雌蕊稍长于雄蕊，密被糙柔毛。蒴果长约 2cm，被短糙毛。

植株

茎　　　　　　　　　　　　　　叶

花苞　　　　　　　　　　　　　花序

【生物学特性】一年生草本，以种子进行繁殖。花期4～7月，果期5～9月。

【分布与危害】原产于美洲，现分布于我国山东、安徽、江苏、浙江、江西、湖南、湖北、四川和云南，生于平原和低山荒坡丛中。为咖啡园次要杂草，轻度危害。

毛茛科 Ranunculaceae

154. 钝萼铁线莲 *Clematis peterae* Hand.-Mazz.

【形态特征】一回羽状复叶，有5小叶，偶尔基部一对为3小叶；小叶片卵形或长卵形，少数卵状披针形，顶端常锐尖或短渐尖，少数长渐尖，基部圆形或浅心形，边缘疏生一个至数个以至多个锯齿状牙齿或全缘，两面疏生短柔毛至近无毛。圆锥状聚伞花序多花；花序梗、花梗密生短柔毛，花序梗基部常有1对叶状苞片；花直径1.5～2cm，萼片4，开展，白色，倒卵形至椭圆形，长0.7～1.1cm，顶端钝，两面有短柔毛，外面边缘密生短茸毛；雄蕊无毛；子房无毛。瘦果卵形，稍扁平，无毛或近花柱处稍有柔毛，宿存花柱长达3cm。

【生物学特性】多年生藤本，以种子进行繁殖。花期6～8月，果期9～12月。

【分布与危害】分布于云南、贵州、四川、湖北、甘肃、陕西、河南、山西、河北。在云南多见于海拔3 400m以下的林间，首次在普洱市宁洱县咖啡园发现，为咖啡园地域性主要杂草，危害较严重。

茎

叶

花序

花

155. **多叶唐松草** *Thalictrum foliolosum* DC.

【形态特征】茎高90～200cm，上部有长分枝。茎中部以上叶为三回三出或近羽状复叶；叶片长达36cm；小叶草质，顶生小叶菱状椭圆形或卵形，长1～2.5cm，宽0.5～1.5cm，顶端钝或圆形，基部浅心形或圆形，3浅裂，裂片有少数钝齿，脉平或背面稍隆起，脉网稍明显；叶柄长1.5～5cm，有狭鞘。圆锥花序生于茎或分枝顶端，有多数花，长约20cm；萼片4，淡黄绿色，早落，狭椭圆形，长3～4.5mm；雄蕊多数，长6～7mm，花药狭长圆形，长约2.5mm，顶端有短尖头，花丝丝形；心皮4～6，子房无柄，花柱与子房近等长，柱头生花柱腹面，线形。瘦果纺锤形，长约3mm，有8条纵肋。

【生物学特性】多年生草本，以种子进行繁殖。花期8～9月。

【分布与危害】分布于云南、四川、西藏，多生于海拔1 500～3 200m的山地林中或草坡。为高海拔咖啡园常见杂草，属咖啡园次要杂草，轻度危害。

茎和叶   茎

叶   花序

156. **茴茴蒜** *Ranunculus chinensis* Bunge

【形态特征】须根多数簇生。茎直立粗壮，高20～70cm，直径在5mm以上，中空，有纵条纹，分枝多，与叶柄均密生开展的淡黄色糙毛。基生叶与下部叶有长达12cm的叶柄，为三出复叶，叶片宽卵形至三角形，长3～12cm，小叶2～3深裂，裂片倒披针状楔形，宽5～10mm，上部有不等的粗齿或缺刻或2～3裂，顶端尖，两面伏生糙毛，小叶柄长1～2cm，或侧生小叶柄较短，生开展的糙毛。上部叶较小，叶柄较短，叶片3全裂，裂片有粗齿牙或再分裂。花序有较多疏生的花，花梗贴生糙毛；花直径6～12mm；萼片狭卵形，长3～5mm，外面生柔毛；花瓣5，宽卵圆形，与萼片近等长或稍长，黄色或上面白色，基部有短爪，蜜槽有卵形小鳞片；花药长约1mm；花托在果期显著伸长，圆柱形，长达1cm，密生白短毛。聚合果长圆形，直径6～10mm；瘦果扁平，长3～3.5mm，宽约2mm，无毛，边缘有宽约0.2mm的棱，喙极短，呈点状，长0.1～0.2mm。

【生物学特性】一年生草本，以种子进行繁殖。花果期5～9月。

【分布与危害】分布范围广，几乎遍及全国，见于海拔700～2 500m的山丘、溪边及潮湿的区域。为咖啡园次要杂草，对咖啡植株生长影响较小或几乎没有影响。

植株

茎

茎和叶　　　　　花

果实

美人蕉科Cannaceae

157. 美人蕉*Canna indica* L.

【形态特征】植株全部绿色，高可达1.5m。叶片卵状长圆形。总状花序疏花，略超出于叶片之上；花红色，单生；苞片卵形，绿色，长约1.2cm；萼片3，披针形，绿色而有时染红；花冠管长不及1cm，花冠裂片披针形，绿色或红色；外轮退化雄蕊2～3枚，鲜红色，其中2枚倒披针形，长3.5～4.0cm，宽5～7mm，另一枚如存在则特别小，长1.5cm，宽仅1mm；唇瓣披针形，长3cm，弯曲；发育雄蕊长2.5cm，花药室长6mm；花柱扁平，长3cm，一半和发育雄蕊的花丝连合。蒴果绿色，长卵形，有软刺。

【生物学特性】多年生粗壮草本，以块状茎进行繁殖。花果期3～12月。

【分布与危害】原产印度，我国南北各地均有栽培，多为逃逸野生。属咖啡园次要杂草，轻度危害。

花　　　　　　　　　　　　　　　　果实

母草科 Linderniaceae

158. 宽叶母草 *Lindernia nummulariifolia* (D. Don) Wettstein

【形态特征】根须状；茎直立，不分枝或有时多枝丛密，棱上有伸展的细毛。叶无柄或有短柄；叶片宽卵形或近圆形，边缘有浅圆锯齿或波状齿，齿顶有小突尖，边缘和下面中肋有极稀疏的毛。花少数，在茎顶端和叶腋成亚伞形，花冠紫色，少有蓝色或白色。蒴果长椭圆形，顶端渐尖；种子棕褐色。

植株　　　　　　　　　　　　　　　　叶

【生物学特性】一年生草本，以种子进行繁殖。花期7～9月，果期8～11月。

【分布与危害】分布于甘肃、陕西南部、湖北、湖南、广西、贵州、云南、西藏、四川、浙江等省份，多见于海拔1800m以下的田边、沟旁等湿润处。为咖啡园次要杂草，轻度危害。

花

159. 紫萼蝴蝶草 *Torenia violacea* (Azaola ex Blanco) Pennell

【形态特征】直立或多少外倾，高8～35cm，自近基部起分枝。叶柄长5～20mm；叶片卵形或长卵形，先端渐尖，基部楔形或多少截形，长2～4cm，宽1～2cm，向上逐渐变小，边缘具略带短尖的锯齿，两面疏被柔毛。花梗长约1.5cm，果期梗长可达3cm，在分枝顶部排成伞形花序或单生叶腋，稀可同时有总状排列花序的存在；萼矩圆状纺锤形，具5翅，长1.3～1.7cm，宽0.6～0.8cm，果期长达2cm，宽1cm，翅宽达2.5mm而略带紫红色，基部圆形，翅几不延，顶部裂成5小齿；花冠长1.5～2.2cm，其超出萼齿部分仅2～7mm，淡黄色或白色；上唇多少直立，近于圆形，直径约6mm；下唇3裂片彼此近于相等，长约3mm，宽约4mm，各有1枚蓝紫色斑块，中裂片中央有1枚黄色斑块，花丝不具附属物。

【生物学特性】一年生草本，以种子进行繁殖。花果期8～11月。

【分布与危害】分布于我国华东、华南、西南、华中及台湾，生于海拔200～2000m的山坡草地、林下、田边及路旁潮湿处。为云南保山产区部分咖啡园特有杂草，属咖啡园次要杂草，轻度危害。

植株　　　　　　　　　　　　　　　叶

花

果实

木贼科 Equisetaceae

160. 节节草 *Equisetum ramosissimum* Desf.

【形态特征】根茎直立，横走或斜升，黑棕色，节和根疏生黄棕色长毛或光滑无毛。地上枝多年生，高20～60cm，中部直径1～3mm，节间长2～6cm，绿色，主枝多在下部分枝，常形成簇生状。主枝有脊5～14条，脊的背部弧形，有一行小瘤或有浅色小横纹；鞘筒狭长达1cm，下部灰绿色，上部灰棕色；鞘齿5～12枚，三角形，灰白色或少数中央为黑棕色，边缘（有时上部）为膜质，背部弧形，宿存，齿上气孔带明显。侧枝较硬，圆柱状，有脊5～8条，脊上平滑或有一行小瘤或有浅色小横纹；鞘齿5～8个，披针形，革质但边缘膜质，上部棕色，宿存。孢子囊穗短棒状或椭圆形，长0.5～2.5cm，中部直径0.4～0.7cm，顶端有小尖突，无柄。

【生物学特性】多年生中小型蕨类，主要靠根茎和孢子进行繁殖。主要生长期为3～11月，12月至翌年2月处于休眠状态，基本不生长。根茎早期3月发芽，最早4月可产生孢子囊穗。

【分布与危害】广布于云南各地，多见于海拔100～3 300m的潮湿田埂及沼泽地。为咖啡园地域性主要杂草，危害较严重。

植株

茎

孢子囊穗

161. 披散问荆 *Equisetum diffusum* D. Don

【形态特征】根茎横走，直立或斜升，黑棕色，节和根密生黄棕色长毛或光滑无毛。地上枝节间绿色，但下部1～3节节间黑棕色，无光泽，分枝多。主枝有脊4～10条，脊的两侧隆起成棱伸达鞘齿下部，每棱各有一行小瘤伸达鞘齿，鞘筒狭长，下部灰绿色，上部黑棕色。侧枝纤细，较硬，圆柱状，有脊4～8条，脊的两侧有棱及小瘤，鞘齿4～6个，三角形，革质，灰绿色，宿存。孢子囊穗圆柱状，顶端钝。

【生物学特性】多年生草本，以根茎和孢子进行繁殖。

【分布与危害】产于甘肃、上海、江苏、湖南、广西、四川、重庆、贵州、云南、西藏，多见于海拔3 400m以下的潮湿生境，属一般恶性杂草，难以清除。为咖啡园地域性主要杂草，危害较严重。

植株

茎

葡萄科 Vitaceae

162. 绿叶地锦 *Parthenocissus laetevirens* Rehd.

【形态特征】小枝圆柱形或有显著纵棱，嫩时被短柔毛，以后脱落无毛。卷须总状5～10分枝，相隔2节间断与叶对生，卷须顶端嫩时膨大呈块状，后遇附着物扩大成吸盘。叶为掌状5小叶，小叶倒卵长椭圆形或倒卵披针形，长2～12cm，宽1～5cm，最宽处在近中部或中部以上，顶端急尖或渐尖，基部楔形，边缘上半部有5～12个锯齿，上面深绿色，无毛，显著呈泡状隆起，下面浅绿色，在脉上被短柔毛；侧脉4～9对，网脉上面不明显，下面微突起；叶柄长2～6cm，被短柔毛，小叶有短柄或几无柄。多歧聚伞花序圆锥状，长6～15cm，中轴明显，假顶生，花序中常有退化小叶；花序梗长0.5～4cm，被短柔毛；花梗长2～3mm，无毛；花蕾椭圆形或微呈倒卵椭圆形，高2～3mm，顶端圆形；萼碟形，边缘全缘，无毛；花瓣5，椭圆形，高1.6～2.6mm，无毛；雄蕊5枚，花丝长1.4～2.4mm，无毛，花药长椭圆形，长1.6～2.6mm；花盘不明显；子房近球形，花柱明显，基部略粗，柱头不明显扩大。果实球形，直径0.6～0.8cm，有种子1～4粒；种子倒卵形，顶端圆形，基部急尖成短喙，种脐在背面不明显，种脊呈沟状从近中部达种子上部1/3处，腹部中棱脊突出，两侧洼穴呈沟状，向上斜展达种子顶端。

【生物学特性】多年生木质藤本，以茎和种子进行繁殖。花期7～8月，果期9～11月。

【分布与危害】分布于河南、安徽、江西、江苏、浙江、湖北、湖南、福建、广东、广西及云南等地，多见于海拔140～1 100m的山谷林中或山坡灌丛，攀缘树上或崖石壁上。为咖啡园地域性主要杂草，生物量大，攀附于咖啡植株上，危害较严重。

植株

茎

叶

163. 毛葡萄 *Vitis heyneana* Roem. et Schult

【形态特征】小枝圆柱形，有纵棱纹，被灰色或褐色蛛丝状茸毛。卷须二叉分枝，密被茸毛。叶卵圆形、长卵椭圆形或卵状五角形，顶端急尖或渐尖，基部心形或微心形，边缘每侧有9～19个尖锐锯齿，上面绿色，初时疏被蛛丝状茸毛，下面密被灰色或褐色茸毛；叶柄密被蛛丝状茸毛；托叶膜质，褐色，卵披针形。圆锥花序疏散，与叶对生，分枝发达；花序梗被灰色或褐色蛛丝状茸毛；花蕾倒卵圆形或椭圆形；萼碟形，边缘近全缘；花瓣5，呈帽状黏合脱落；雄蕊5枚，花丝丝状，花药黄色，椭圆形或阔椭圆形；花盘发达，5裂；雌蕊1枚，子房卵圆形。果实圆球形，成熟时紫黑色；种子倒卵形，顶端圆形。

【生物学特性】多年生木质藤本，以茎进行繁殖。花期4～6月，果期6～10月。

【分布与危害】产于山西、陕西、甘肃、山东、河南、安徽、江西、浙江、福建、广东、广西、湖北、湖南、四川、贵州、云南、西藏等地，生于海拔100～3 200m的山坡、沟谷灌丛、林缘或林中。为部分咖啡园特有杂草，属咖啡园地域性主要杂草，危害较严重。

植株

茎

茎尖

叶

164. 三裂蛇葡萄 *Ampelopsis delavayana* Planch.

【形态特征】小枝圆柱形，有纵棱纹，疏生短柔毛。卷须2～3分枝。叶为3小叶，中央小叶披针形或椭圆披针形，侧生小叶卵椭圆形或卵披针形，边缘有粗锯齿，上面绿色，嫩时被稀疏柔毛，下面浅绿色；叶柄长3～10cm，中央小叶有柄或无柄，侧生小叶无柄，被稀疏柔毛。多歧聚伞花序与叶对生。果实近球形，有种子2～3粒；种子倒卵圆形。

【生物学特性】多年生木质藤本，以茎或种子进行繁殖。花期6～8月，果期9～11月。

【分布与危害】分布于福建、广东、广西、海南、四川、贵州、云南，多见于海拔2 000m以下的山谷林中、山坡灌丛或林中。为咖啡园地域性主要杂草，危害较严重。

植株

叶

花序

165. 异果拟乌蔹莓 *Pseudocayratia dichromocarpa* (H.Lév.) J.Wen & Z.D.Chen

【形态特征】小枝圆柱形，有纵棱纹，被灰色柔毛。卷须三叉分枝，鸟足状5小叶复叶，小叶长椭圆形或卵椭圆形，先端渐尖，基部楔形或钝圆形，每边有20～28个短尖钝齿，上面无毛或中脉上被稀短柔毛，下面灰白色，密被灰色短柔毛；叶柄长5～12cm，中央小叶柄长3～5cm，侧生小叶无柄或有短柄，被灰色疏柔毛。伞房状多歧聚伞花序腋生；花序梗长2.5～5cm，被灰色疏柔毛；花萼浅碟形，萼齿不明显，外被乳突状柔毛；花瓣宽卵形或卵状椭圆形；花盘明显，4浅裂。果球形，有种子2～4粒；种子倒卵状椭圆形，有突出肋纹。

【生物学特性】多年生半木质藤本，以种子或茎进行繁殖。花期5～6月，果期7～8月。

植株

【分布与危害】分布于安徽、江西、福建、湖北、湖南、广东、广西、四川、贵州、云南，多见于海拔1 000～1 600m的山坡灌丛或沟谷林中。为部分咖啡园特有杂草，属咖啡园地域性主要杂草，危害较严重。

茎尖

叶

茎和缠绕丝

果实

千屈菜科Lythraceae

166. 圆叶节节菜*Rotala rotundifolia* (Buch.-Ham. ex Roxb.) Koehne

【形态特征】各部无毛；根茎细长，匍匐地上；茎单一或稍分枝，直立，丛生，高5～30cm，带紫红色。叶对生，无柄或具短柄，近圆形、阔倒卵形或阔椭圆形，长5～10mm，有时可达20mm，宽3.5～5mm，顶端圆形，基部钝形，或无柄时近心形，侧脉4对，纤细。花单生于苞片内，组成顶生稠密的穗状花序，花序长1～4cm，每株1～3个，有时5～7个；花极小，长约2mm，几无梗；苞片叶状，卵形或卵状矩圆形，约与花等长，小苞片2枚，披针形或钻形，约与萼筒等长；萼筒阔钟形，膜质，半透明，长1～1.5mm，裂片4枚，三角形，裂片间无附属体；花瓣4枚，倒卵形，淡紫红色，长约为花萼裂片的2倍；雄蕊4枚；子房近梨形，长约2mm，花柱长度为子房的1/2，柱头盘状。蒴果椭圆形，3~4瓣裂。

【生物学特性】一年生草本，以种子进行繁殖。花果期12月至翌年6月。

【分布与危害】产于广东、广西、福建、台湾、浙江、江西、湖南、湖北、四川、贵州、云南等地，生于水田或潮湿的地方。为咖啡园次要杂草，轻度危害。

植株

茎

叶

花

茜草科 Rubiaceae

167. 白花蛇舌草 *Scleromitrion diffusum* (Willd.) R. J. Wang

【形态特征】茎扁圆柱形，从基部分枝。叶对生，条形，顶端急尖，下面有时粗糙，无侧脉；托叶合生，上部芒尖。花单生或成对生于叶腋，常具短而略粗的花梗，稀无梗；萼筒球形，裂片矩圆状披针形；花冠白色，筒状，裂片卵状矩圆形；雄蕊生于花冠筒喉部。蒴果双生，膜质，扁球形。

【生物学特性】一年生柔弱披散草本，以种子进行繁殖。全年可见花果。

【分布与危害】分布于东南至西南，喜温热潮湿环境，以肥沃沙质壤土生长良好，多见于旷野、路旁、田边。为咖啡园次要杂草，轻度危害。

植株

茎

花

蒴果

168. 拉拉藤 *Galium spurium* L.

【形态特征】茎有4棱角，棱、叶缘、叶脉上均有倒生的小刺毛。叶6～8片轮生，稀为4～5片，带状倒披针形或长圆状倒披针形，顶端有针状凸尖头。聚伞花序腋生或顶生，少至多花，花小，有纤细的花梗；花萼被钩毛，萼檐近截平；花冠黄绿色或白色，辐状，裂片长圆形。小坚果。

植株

茎

【生物学特性】二年或一年生蔓生或攀缘状草本，以种子进行繁殖，以种子或幼苗越冬。多于冬前9～10月出苗，亦可在早春出苗；4～5月现蕾开花，果期5月。

【分布与危害】我国除海南及南海诸岛外，各地均有分布，生于海拔20～4 600m的山坡、旷野、沟边、河滩、田间、林缘、草地。多见于潮湿的咖啡园，为咖啡园次要杂草，轻度危害。

叶　　　　　　　　　　　　　　　　　　果实

蔷薇科Rosaceae

169. 华中悬钩子 *Rubus cockburnianus* Hemsl.

【形态特征】高1.5～3m；小枝红褐色，无毛，被白粉，具稀疏钩状皮刺。小叶7～9枚，稀5枚，长圆披针形或卵状披针形，顶生小叶有时近菱形，长5～10cm，宽1.5～5cm，顶端渐尖，基部宽楔形或圆形，上面无毛或具疏柔毛，下面被灰白色茸毛，边缘有不整齐粗锯齿或缺刻状重锯齿，顶生小叶边缘常浅裂；叶柄长3～5cm，顶生小叶叶柄长1～2cm，侧生小叶近无柄，与叶轴均无毛，疏生钩状小皮刺；托叶细小，线形，无毛。圆锥花序顶生，长10～16cm，侧生花序为总状或近伞房状；总花梗和花梗无毛；花梗细，长1～2cm，幼时带红色；苞片小，线形，无毛；花直径达1cm；花萼外面无毛；萼片卵状披针形，顶端长渐尖，外面无毛或仅边缘具灰白色茸毛，在花时直立至果期反折；花瓣小，直径约5mm，粉红色，近圆形；花丝线形或基部稍宽；花柱无毛，子房具柔毛。果实近球形，直径不到1cm，紫黑色，微具柔毛或几无毛；核有浅皱纹。

植株

【生物学特性】多年生灌木，以茎和种子进行繁殖。花期5～7月，果期8～9月。

【分布与危害】分布于河南、陕西、四川、云南、西藏等地，多见于海拔900～3 800m的向阳山坡灌丛中或沟谷杂木林内。为咖啡园地域性主要杂草，多年未清理，危害较严重。

茎

叶

170. 龙牙草 *Agrimonia pilosa* Ledeb.

【**形态特征**】根多呈块茎状，周围长出若干侧根，根茎短，基部常有1个至数个地下芽。茎高30～120cm，被疏柔毛及短柔毛，稀下部被稀疏长硬毛。叶为间断奇数羽状复叶，通常有小叶3～4对，稀2对，向上减少至3小叶，叶柄被稀疏柔毛或短柔毛；小叶片无柄或有短柄，倒卵形、倒卵状椭圆形或倒卵状披针形，长1.5～5cm，宽1～2.5cm，顶端急尖至圆钝，稀渐尖，基部楔形至宽楔形，边缘有急尖到圆钝锯齿，上面被疏柔毛，稀脱落几无毛，下面通常脉上伏生疏柔毛，稀脱落几无毛，有显著腺点；托叶草质，绿色，镰形，稀卵形，顶端急尖或渐尖，边缘有尖锐锯齿或裂片，稀全缘，茎下部托叶有时卵状披针形，常全缘。顶生穗状总状花序，分枝或不分枝，花序轴被柔毛，花梗长1～5mm，被柔毛；苞片通常深3裂，裂片带形，小苞片对生，卵形，全缘或边缘分裂；花直径6～9mm；萼片5，三角卵形；花瓣黄色，长圆形；雄蕊5～15枚；花柱2枚，丝状，柱头头状。果实倒卵圆锥形，外面有10条肋，被疏柔毛，顶端有数层钩刺，幼时直立，成熟时靠合。

【**生物学特性**】多年生草本，以种子进行繁殖。花果期5～12月。

【**分布与危害**】我国南北各省份均产，常生于溪边、路旁、草地、灌丛、林缘及疏林下，海拔

100 ～ 3 800m。为高海拔咖啡园常见杂草，属咖啡园次要杂草，轻度危害。

植株

茎

叶

果实

171. 茅莓 *Rubus parvifolius* L.

【形态特征】高1 ～ 2m；枝呈弓形弯曲，被柔毛和稀疏钩状皮刺。小叶3枚，在新枝上偶有5枚，菱状圆形或倒卵形，长2.5 ～ 6cm，宽2 ～ 6cm，顶端圆钝或急尖，基部圆形或宽楔形，上面伏生疏柔毛，下面密被灰白色茸毛，边缘有不整齐粗锯齿或缺刻状粗重锯齿，常具浅裂片；叶柄长2.5 ～ 5cm，顶生小叶叶柄长1 ～ 2cm，均被柔毛和稀疏小皮刺；托叶线形，长5 ～ 7mm，具柔毛。伞房花序顶生或腋生，稀顶生花序成短总状，具花数朵至多朵，被柔毛和细刺；花梗长0.5 ～ 1.5cm，具柔毛和稀疏小皮刺；苞片线形，有柔毛；花直径约1cm；花萼外面密被柔毛和疏密不等的针刺；萼片卵状披针形或披针形，顶端渐尖，有时条裂，在花果时均直立开展；花瓣卵圆形或长圆形，粉红至紫红色，基部具爪；雄蕊花丝白色，稍短于花瓣；子房具柔毛。果实卵球形，直径1 ～ 1.5cm，红色，无毛或具稀疏柔毛；核有浅皱纹。

【生物学特性】多年生灌木，以茎和种子进行繁殖。花期5 ～ 6月，果期7 ～ 8月。

【分布与危害】广布于黑龙江、吉林、辽宁、河北、河南、山西、陕西、甘肃、湖北、湖南、江西、安徽、山东、江苏、浙江、福建、台湾、广东、广西、四川、贵州等地，多分布于海拔400 ～ 2 600m的山坡杂木林下、向阳山谷、路旁或荒野。为咖啡园地域性主要杂草，危害较严重。

植株　　　　　　　　　　　　　　　　　　茎

叶　　　　　　　　　　　　　　花　　　　　　　　　　　　　幼果

172. **蛇莓** *Duchesnea indica* (Andr.) Focke

　　【形态特征】根茎短，粗壮；匍匐茎多数，长30～100cm，有柔毛。小叶片倒卵形至菱状长圆形，长2～6cm，宽1～3cm，先端圆钝，边缘有钝锯齿，两面皆有柔毛，或上面无毛，具小叶柄；叶柄长1～5cm，有柔毛；托叶窄卵形至宽披针形，长5～8mm。花单生于叶腋，直径1.5～2.5cm；花梗长3～6cm，有柔毛；萼片卵形，长4～6mm，先端锐尖，外面有散生柔毛；副萼片倒卵形，长5～8mm，比萼片长，先端常具3～5锯齿；花瓣倒卵形，长5～10mm，黄色，先端圆钝；雄蕊20～30枚；心皮多数，离生；花托在果期膨大，海绵质，鲜红色，有光泽，直径10～20mm，外面有长柔毛。瘦果卵形，长约1.5mm，光滑或具不明显突起，鲜时有光泽。

植株

【生物学特性】多年生草本，以种子或匍匐茎进行繁殖。花期6～8月，果期8～10月。

【分布与危害】分布于辽宁以南各省份，喜海拔1 800m以下的山坡、河岸、草地、潮湿的地方。为咖啡园次要杂草，对咖啡植株生长影响较小，甚至没有影响。

匍匐茎

花

果实

花托

173. 椭圆悬钩子 *Rubus ellipticus* Smith

【形态特征】小枝紫褐色，被较密的紫褐色刺毛或有腺毛，并具柔毛和稀疏钩状皮刺。小叶3枚，椭圆形，顶生小叶比侧生者大得多，沿中脉有柔毛，下面密生茸毛，叶脉突起，沿叶脉有紫红色刺毛，边缘具不整齐细锐锯齿；具叶柄，侧生小叶近无柄，均被紫红色刺毛、柔毛和小皮刺；托叶线形，具柔毛和腺毛。顶生短总状花序；花梗短，具柔毛；苞片线形，有柔毛；花萼外面被带黄色茸毛和柔毛或疏生刺毛；萼片卵形；花瓣匙形，白色或浅红色；花丝宽扁，短于花柱；花柱无毛，子房具柔毛。果实近球形，金黄色。

植株

【生物学特性】多年生灌木，以种子进行繁

殖。花期3～4月，果期4～5月。

　　【分布与危害】产于四川、云南、西藏，多见于海拔1 000～2 500m的旱山坡、山谷或疏林内。为咖啡园地域性主要杂草，初期危害轻，随着灌木丛变大，危害加重。

茎

茎尖　　　　　　　　　　　　　　　　　　　　　　　　叶

茄科 Solanaceae

174. **刺天茄** *Solanum violaceum* Ortega

　　【形态特征】通常高0.5～1.5m。小枝褐色，密被尘土色星状茸毛，基部具宽扁的淡黄色钩刺，钩刺长4～7mm，基部宽1.5～7mm。叶卵形，长5～11cm，宽2.5～8.5cm，先端钝，基部心形，截形或不相等，边缘5～7深裂或成波状浅圆裂，裂片边缘有时又作波状浅裂，上面绿色，被具短柄的5～11分枝的星状短茸毛，下面灰绿，密被星状长茸毛；中脉及侧脉常在两面具有长2～6mm的钻形皮刺，侧脉每边3～4条；叶柄长2～4cm，密被星状毛及具1～2枚钻形皮刺，有时不具。蝎尾状花序腋外生，长3.5～6cm，总花梗长2～8mm，花梗长1.5cm或稍长，密被星状茸毛及钻形细直刺。花蓝紫色，或少为白色，直径约2cm；萼杯状，直径约1cm，长4～6mm，先端5裂，裂片卵形，端尖，外面密被星状茸毛及细直刺，内面仅先端被星状毛；花冠辐状，筒部长约1.5mm，隐于萼内，冠檐长约1.3cm，先端深5裂，裂片卵形，长约8mm，外面密被星状茸毛，内面上部及中脉疏被分枝少无柄的星状茸毛，很少有与外面相同的星状毛；花丝基部稍宽大，花药黄色，顶孔向上；子房长圆形，具棱，顶端被星状茸毛，花柱丝状，柱头截形。果序长4～7cm，果柄长1～1.2cm，被星状毛及直刺。浆果球形，光亮，成熟时橙红色，宿存萼反卷；种子淡黄色，近盘状。

植株

茎

小枝

叶

花序

花

【生物学特性】多年生多枝灌木，以种子进行繁殖。全年可见花果。

【分布与危害】分布广泛，几乎遍及全国，多见于海拔180～1 700m的林下、路边、荒地，在干燥灌丛中有时成片生长。为咖啡园主要杂草，危害较严重。

果实

175. 灯笼果 *Physalis peruviana* L.

【形态特征】株高45～90cm，具匍匐的根状茎。茎直立，不分枝或少分枝，密生短柔毛。叶较厚，阔卵形或心脏形，长6～15cm，宽4～10cm，顶端短渐尖，基部对称心脏形，全缘或有少数不明显的尖牙齿，两面密生柔毛；叶柄长2～5cm，密生柔毛。花单独腋生，梗长约1.5cm；花萼阔钟状，同花梗一样密生柔毛，长7～9mm，裂片披针形，与筒部近等长；花冠阔钟状，长1.2～1.5cm，直径1.5～2cm，黄色而喉部有紫色斑纹，5浅裂，裂片近三角形，外面生短柔毛，边缘有睫毛；花丝及花药蓝紫色，花药长约3mm。果萼卵球状，长2.5～4cm，薄纸质，淡绿色或淡黄色，被柔毛；浆果直径1～1.5cm，成熟时黄色；种子黄色，圆盘状。

【生物学特性】多年生草本，以种子进行繁殖。夏季开花结果。

【分布与危害】原产南美洲，现分布于我国广东、云南，多生于海拔1 200～2 100m的路旁或河谷。属咖啡园次要杂草，轻度危害。

植株　　　　　　　　　　　　　　　　　　叶

花　　　　　　　　　　　　　　　　　果实

176. 番茄 *Solanum lycopersicum* L.

【形态特征】株高达2m；茎易倒伏。羽状复叶或羽状深裂，小叶5～9，卵形或长圆形，基部楔形，偏斜，具不规则锯齿或缺裂；具叶柄。花序梗长2～5cm，具3～7朵花；花梗长1～1.5cm；

植株　　　　　　　　　　　　　　　　　叶

花苞　　　　　　　　　　　　　　　　　花

花萼辐状钟形，裂片披针形，宿存；花冠辐状，黄色，裂片窄长圆形，常反折。浆果扁球形或近球形，肉质多汁液，橘黄或鲜红色，光滑；种子黄色，被柔毛。

【生物学特性】一年生草本，以种子进行繁殖。全年可见花果。

【分布与危害】原产南美洲，现广泛分布于我国各省份，多为栽培逃逸后野生。为咖啡园次要杂草，轻度危害。

果实

177. 黄果茄 *Solanum virginianum* L.

【形态特征】株高50 ～ 70cm，有时基部木质化，植株各部均被7 ～ 9分枝的星状茸毛，并密生细长的针状皮刺，皮刺长0.5 ～ 1.8cm，先端极尖。叶卵状长圆形，先端钝或尖，基部近心形或不相等，边缘通常5 ～ 9裂或羽状深裂，裂片边缘波状，尖锐的针状皮刺着生在两面的中脉及侧脉上，侧脉5 ～ 9条，约与裂片数相等；叶柄长2 ～ 3.5cm。聚伞花序腋外生，通常3 ～ 5花，花蓝紫色；萼钟形，外面被星状茸毛及尖锐的针状皮刺；雄蕊5枚；子房卵圆形，花柱纤细，柱头截形。浆果球形，初时绿色并具深绿色的条纹，成熟后则变为淡黄色；种子近肾形，扁平。

【生物学特性】直立或匍匐草本，以种子进行繁殖。花期冬季到夏季，果熟期夏季。

【分布与危害】分布于湖北、四川、云南、海南及台湾，喜生于干旱河谷沙滩上，海拔125 ～ 880m，个别达海拔1 100m。仅在普洱市部分咖啡园发现，为咖啡园地域性主要杂草，危害较严重。

植株　　　　　　　　　　　　　　　　果实

178. 假酸浆 *Nicandra physalodes* (L.) Gaertner

【形态特征】茎直立，有棱条，无毛，高0.4～1.5m，上部为交互不等的二歧分枝。叶卵形或椭圆形，草质，长4～12cm，宽2～8cm，顶端急尖或短渐尖，基部楔形，边缘有具圆缺的粗齿或浅裂，两面有稀疏毛；叶柄长为叶片长的1/4～1/3。花单生于枝腋而与叶对生，通常具较叶柄长的花梗，俯垂；花萼5深裂，裂片顶端尖锐，基部心脏状箭形，有2尖锐的耳片，果时包围果实，直径2.5～4cm；花冠钟状，浅蓝色，直径达4cm，檐部有折襞，5浅裂。浆果球状，直径1.5～2cm，黄色；种子淡褐色，直径约1mm。

【生物学特性】一年生草本，以种子进行繁殖。花果期夏秋季。

【分布与危害】原产南美洲，在我国分布于河北、甘肃、四川、贵州、云南、西藏等省份，多生于田边、荒地或住宅区。为咖啡园次要杂草，轻度危害。

植株 花 果实

179. 假烟叶树 *Solanum erianthum* D. Don

【形态特征】株高1.5～10m，小枝密被白色具柄头状簇茸毛。叶大而厚，卵状长圆形，上面绿色，被具短柄的3～6不等长分枝的簇茸毛，下面灰绿色，毛被较上面厚，被具柄的10～20不等长分枝的簇茸毛，全缘或略作波状，叶柄粗壮，密被与叶下面相似的毛被。聚伞花序多花，形成近顶生圆锥状平顶花序，总花梗和花梗均密被与叶下面相似的毛被。花白色，萼钟形，外面密被与花梗相似的毛被；花冠筒隐于萼内，冠檐深5裂，裂片长圆形，雄蕊5枚；子房卵形，密被硬毛状簇茸毛，花柱光滑，柱头头状。浆果球状，具宿存萼，黄褐色，初被星状簇茸毛；种子扁平。

【生物学特性】多年生小灌木，以种子进行

植株

繁殖。几乎全年可见花果。

【分布与危害】产于四川、贵州、云南、广西、广东、福建和台湾等地，常见于海拔300～2 100m的荒山荒地灌丛中。为咖啡园地域性主要杂草，危害较严重。

茎尖　　　　　　　　　　　　　　　　　茎

180. 曼陀罗 *Datura stramonium* L.

【形态特征】全体近于平滑或在幼嫩部分被短柔毛。茎粗壮，圆柱状，淡绿色或带紫色，下部木质化。叶广卵形，顶端渐尖，基部不对称楔形，边缘有不规则波状浅裂，裂片顶端急尖，有时亦有波状牙齿，侧脉每边3～5条，直达裂片顶端。花单生于枝杈间或叶腋，直立，有短梗；花萼筒状，筒部有5棱角，棱间稍向内陷，基部稍膨大，顶端紧围花冠筒，5浅裂，裂片三角形，花后自近基部断裂，宿存部分随果实增大而增大并向外反折；花冠漏斗状，下半部带绿色，上半部白色或淡紫色，檐部5浅裂，裂片有短尖头；雄蕊不伸出花冠；子房密生柔针毛。蒴果直立生，卵状，表面生有坚硬针刺或有时无刺而近平滑，成熟后淡黄色，规则4瓣裂；种子卵圆形，稍扁，黑色。

【生物学特性】一年生草本，以种子进行繁殖。花期6～10月，果期7～11月。

【分布与危害】广布于世界各大洲，我国各省份都有分布，常生于住宅旁、路边或草地上。咖啡园内多为逃逸野生，仅在部分咖啡园可见，为咖啡园次要杂草，轻度危害。

植株　　　　　　　　　　　　　　　　　茎

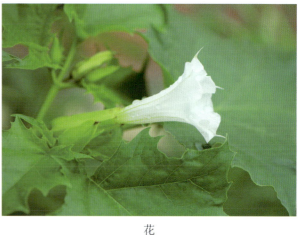

叶　　　　　　　　　　　　　　　　花

181. 木本曼陀罗 Brugmansia arborea (L.) Lagerh.

【形态特征】株高可达3m，茎粗壮，上部分枝，全株近无毛。单叶互生，叶片卵状披针形、卵形或椭圆形，顶端渐尖或急尖，基部楔形，不对称，全缘、微波状或有不规则的缺齿，两面有柔毛；叶柄长1～3cm。花单生叶腋，俯垂，花冠白色，脉纹绿色，长漏斗状、喇叭状。浆果状蒴果，无刺。

【生物学特性】常绿灌木或小乔木，以种子进行繁殖。花期7～9月，果期10～12月。

【分布与危害】热带地区广为栽培。咖啡园多为逃逸野生，仅个别咖啡园出现，为咖啡园次要杂草，轻度危害。

植株　　　　　　　　　　　　　　　　花

182. 少花龙葵 Solanum americanum Miller

【形态特征】茎无毛或近于无毛，高约1m。叶薄，卵形至卵状长圆形，长4～8cm，宽2～4cm，先端渐尖，基部楔形下延至叶柄而成翅，叶缘近全缘，波状或有不规则的粗齿，两面均具疏柔毛，有时下面近于无毛；叶柄纤细，长1～2cm，具疏柔毛。花序近伞形，腋外生，纤细，具微柔毛，着生1～6朵花，总花梗长1～2cm，花梗长5～8mm，花小，直径约7mm；萼绿色，直径约2mm，5裂达中部，裂片卵形，先端钝，长约1mm，具缘毛；花冠白色，筒部隐于萼内，长不及1mm，冠檐长约3.5mm，5裂，裂片卵状披针形，长约2.5mm；花丝极短，花药黄色，长圆形，长1.5mm，顶孔向内；子房近圆形，直径不及1mm，花柱纤细，长约2mm，中部以下具白色茸毛，柱头小，头状。浆果球状，直径约5mm，幼时绿色，成熟后黑色；种子近卵形，两侧压扁，直径1～1.5mm。

【生物学特性】一年生直立草本，以种子进行繁殖。全年均开花结果。

【分布与危害】在云南、江西、湖南、广西、广东、台湾等地均有分布，喜生溪边、密林阴湿处或林边荒地。为咖啡园主要杂草，危害较严重。

植株

叶

花序

浆果

183. 水茄 *Solanum torvum* Swartz

【形态特征】株高1～3m。小枝疏具基部宽扁的皮刺，皮刺淡黄色，基部疏被星状毛，长2.5～10mm，宽2～10mm，尖端略弯曲。叶单生或双生，卵形至椭圆形，先端尖，基部心脏形或楔形，两边不相等，边缘半裂或作波状，裂片通常5～7，上面绿色，毛被较下面薄；中脉在下面少刺或无刺，侧脉每边3～5条，有刺或无刺。叶柄长2～4cm，具1～2枚皮刺或不具。伞房花序腋外生，2～3歧，毛被厚，总花梗长1～1.5cm，具1细直刺或无，花梗长5～10mm，被腺毛及星状毛；花白色；萼杯状，长约4mm，外面被星状毛及腺毛，端5裂，裂片卵状长圆形，长约2mm，先端骤尖；花冠辐形，直径约1.5cm，筒部隐于萼内，长约1.5mm，冠檐长约1.5cm，端5裂，裂片卵状披针形，先端渐尖，长0.8～1cm，外面被星状毛；花丝长约1mm，顶孔向上；子房卵形，光滑，不孕花的花柱短于花药，能孕花的花柱长于花药；柱头截形。浆果黄色，光滑无毛，圆球形，宿萼外面被稀疏的星状毛，果柄长约1.5cm，上部膨大；种子盘状。

【生物学特性】多年生灌木，以种子进行繁殖。全年均开花结果。

【分布与危害】主要分布于云南的东南部、南部及西南部，喜生于路旁、荒地、灌木丛中。为咖啡园地域性主要杂草，植株高大，对咖啡生长影响较大。

植株

茎

叶

花苞

花

浆果

伞形科 Apiaceae

184. **积雪草** *Centella asiatica* (L.) Urban

【形态特征】茎匍匐，细长，节上生根。叶片膜质至草质，圆形、肾形或马蹄形，长1～2.8cm，宽1.5～5cm，边缘有钝锯齿，基部阔心形，两面无毛或在背面脉上疏生柔毛；掌状脉5～7，两面隆起，脉上部分叉；叶柄长1.5～27cm，无毛或上部有柔毛，基部叶鞘透明，膜质。伞形花序梗2～4个，聚生于叶腋，长0.2～1.5cm，有或无毛；苞片通常2，很少3，卵形，膜质，长3～4mm，宽2.1～3mm；每一伞形花序有花3～4朵，聚集呈头状，花无柄或有1mm长的短柄；花瓣卵形，紫红色或乳白色，膜质，长1.2～1.5mm，宽1.1～1.2mm；花柱长约0.6mm；花丝短于花瓣，与花柱等长。果实两侧扁压，圆球形，基部心形至平截形，长2.1～3mm，宽2.2～3.6mm，每侧有纵棱数条，棱间有明显的小横脉，网状，表面有毛或平滑。

【生物学特性】多年生草本，以匍匐茎和种子进行繁殖，喜阴湿。花果期4～10月。

【分布与危害】分布于陕西、江苏、安徽、浙江、江西、湖南、湖北、福建、台湾、广东、广西、四川、云南等省份，多见于阴湿的草地或水沟边。为咖啡园次要杂草，轻度危害。

植株

茎

叶

花

桑科 Moraceae

185. 地果 *Ficus tikoua* Bur.

【形态特征】匍匐，茎上生细长不定根，节膨大；幼枝偶有直立的，高达30～40cm。叶坚纸质，倒卵状椭圆形，长2～8cm，宽1.5～4cm，先端急尖，基部圆形至浅心形，边缘具波状疏浅圆锯齿，基生侧脉较短，侧脉3～4对，表面被短刺毛，背面沿脉有细毛；叶柄长1～2cm；托叶披针形，长约5mm，被柔毛。榕果生于匍匐茎上，常埋于土中，球形至卵球形，直径1～2cm，基部收缩成狭柄，成熟时深红色，表面多圆形瘤点，基生苞片3，细小。雄花生榕果内壁孔口部，无柄，花被片2～6，雄蕊1～3枚；雌花生另一植株榕果内壁，有短柄；无花被，有黏膜包被子房。瘦果卵球形，表面有瘤体。

植株

枝

枝叶

【**生物学特性**】多年生木质藤本，以茎进行繁殖。花期5～6月，果期7月。

【**分布与危害**】产于湖南、湖北、广西、贵州、云南等地，常生于荒地、草坡或岩石缝中。为咖啡园地域性主要杂草，群体较大时危害较严重。

叶

果实

莎草科Cyperaceae

186. 浆果薹草 *Carex baccans* Nees

【**形态特征**】秆密丛生，直立而粗壮，高80～150cm，粗5～6mm，三棱形，无毛，中部以下生叶。叶基生和秆生，长于秆，平张，宽8～12mm，下面光滑，上面粗糙，基部具红褐色、分裂成网状的宿存叶鞘。苞片叶状，长于花序，基部具长鞘。圆锥花序复出，长10～35cm；支圆锥花序3～8个，单生，轮廓为长圆形，下部的1～3个疏远，其余的甚接近。小苞片鳞片状，披针形，革质，仅基部1个具短鞘，其余无鞘，顶端具芒；支花序柄坚挺，上部的渐短，通常不伸出苞鞘之外；花序轴钝三棱柱形，几无毛；小穗多数，全部从内无花的囊状枝先出叶中生出，圆柱形，长3～6cm，两性；雄花部分纤细，具少数花，长为雌花部分的1/2或1/3；雌花部分具多数密生的花。雄花鳞片宽卵形，长2～2.5mm，顶端具芒，膜质，栗褐色；雌花鳞片宽卵形，长2～2.5mm，

植株

果穗

顶端具长芒，纸质，紫褐色或栗褐色，仅具 1 条绿色的中脉，边缘白色膜质。果囊倒卵状球形或近球形，肿胀，长 3.5 ~ 4.5mm，近革质，成熟时鲜红色或紫红色，有光泽，具多数纵脉，上部边缘与喙的两侧被短粗毛，基部具短柄，顶端骤缩成短喙，喙口具 2 小齿。小坚果椭圆形，三棱形，长 3 ~ 3.5mm，成熟时褐色，基部具短柄，顶端具短尖。

【生物学特性】多年生草本，以种子进行繁殖。花果期 8 ~ 12 月。

【分布与危害】产于福建、台湾、广东、广西、海南、四川、贵州、云南，生于林边、河边及村边，海拔 200 ~ 2 700m。为咖啡园次要杂草，轻度危害。

187. 水蜈蚣 *Kyllinga polyphylla* Kunth.

【形态特征】常具匍匐枝，秆散生，株高 7 ~ 20cm，茎三棱形。叶线形，秆基部的 1 ~ 2 个叶鞘常无叶。苞片 3 ~ 4，叶状，开展。穗状花序常单一，顶生，球形，具极多的小穗；小穗长圆状披针形或披针形，两侧压扁。小坚果长圆形或倒卵状长圆形。

【生物学特性】一年生或多年生草本，以匍匐枝和种子进行繁殖。花果期 5 ~ 9 月。

【分布与危害】分布于云南、贵州及华东、华南等地，多见于路边湿地或水边。在部分潮湿咖啡园也有分布，为咖啡园次要杂草，发生量小，轻度危害。

| 植株 | 花序 |

188. 香附子 *Cyperus rotundus* L.

【形态特征】匍匐根状茎长，具椭圆形块茎。秆稍细弱，高 15 ~ 95cm，锐三棱形，平滑，基部呈块茎状。叶较多，短于秆，宽 2 ~ 5mm，平张；鞘棕色，常裂成纤维状。叶状苞片 2 ~ 5 枚；长侧枝聚伞花序简单或复出，具 2 ~ 10 个辐射枝，穗状花序轮廓为陀螺形，稍疏松，具 3 ~ 10 个小穗；小穗斜展开，线形，长 1 ~ 3cm，宽约 1.5mm，具 8 ~ 28 朵花；小穗轴具较宽白色透明的翅；鳞片稍密覆瓦状排列，膜质，卵形或长圆状卵形，长约 3mm，顶端急尖或钝，中间绿色，两侧紫红色或红棕色，具 5 ~ 7 脉；雄蕊 3 枚，花药线形，暗血红色，药隔突出于花药顶端；花柱长，柱头 3 枚，细长，伸出鳞片外。小坚果长圆状倒卵形，三棱形，长为鳞片的 1/3 ~ 2/5，具细点。

【生物学特性】多年生草本，以块茎和种子进行繁殖。4 月发芽出苗，6 ~ 7 月抽穗开花，8 ~ 10 月结籽成熟。

【分布与危害】产于陕西、甘肃、山西、河南、河北、山东、江苏、浙江、江西、安徽、云南、贵州、四川、福建、广东、广西、台湾等省份，生长于山坡荒地草丛中或水边潮湿处。为咖啡园重要杂草，危害非常严重。

植株

穗

189. 砖子苗 *Cyperus cyperoides* (L.) Kuntze

【形态特征】根状茎短，秆疏丛生，锐三棱形，平滑，基部膨大，具稍多叶。叶短于秆或几与秆等长，边缘不粗糙；叶鞘褐色或红棕色。叶状苞片5～8枚；长侧枝聚散花序简单，具6～12个或更多个辐射枝，辐射枝长短不等。穗状花序圆筒形或长圆形，具多数密生的小穗；小穗线状披针形，具1～2个小坚果。小坚果狭长圆形、三棱形。

【生物学特性】多年生草本，以种子或块茎进行繁殖。花果期5～6月。

【分布与危害】分布于广西、广东、云南等地，生于山坡向阳处、路旁、草地、溪边等处。为咖啡园次要杂草，轻度危害。

植株

秆

叶 花序

商陆科 Phytolaccaceae

190. 垂序商陆 *Phytolacca americana* L.

植株

【形态特征】高1 ~ 2m。根粗壮，肥大，倒圆锥形。茎直立，圆柱形，有时带紫红色。叶片椭圆状卵形或卵状披针形，长9 ~ 18cm，宽5 ~ 10cm，顶端急尖，基部楔形；叶柄长1 ~ 4cm。总状花序顶生或侧生，长5 ~ 20cm；花梗长6 ~ 8mm；花白色，微带红晕，直径约6mm；花被片5，雄蕊、心皮及花柱通常均为10，心皮合生。果序下垂；浆果扁球形，熟时紫黑色；种子肾圆形，直径约3mm。

【生物学特性】多年生草本，以种子进行繁殖。花期6 ~ 8月，果期8 ~ 10月。

茎 叶

【分布与危害】原产北美，引入栽培，1960年以后遍及我国河北、陕西、山东、江苏、浙江、江西、福建、河南、湖北、广东、四川、云南。为咖啡园地域性主要杂草，植株高大，危害较严重。

花序

果实 根

肾蕨科 Nephrolepidaceae

191. 肾蕨 *Nephrolepis cordifolia* (L.) C. Presl

【形态特征】根状茎直立，被蓬松的淡棕色长钻形鳞片，下部有粗铁丝状的匍匐茎向四方横展，匍匐茎棕褐色，不分枝，疏被鳞片，有纤细的褐棕色须根；匍匐茎上生有近圆形的块茎，密被与根状茎上同样的鳞片。叶簇生，暗褐色，略有光泽，上面有纵沟，下面圆形，密被淡棕色线形鳞片；叶片线状披针形或狭披针形，互生，常密集而呈覆瓦状排列，披针形；叶脉明显，侧脉纤细，自主脉向上斜出，在下部分叉，小脉直达叶边附近，顶端具纺锤形水囊；叶坚草质或草质，干后棕绿色或褐棕色，光滑。孢子囊群成1行位于主脉两侧，肾形，少有为圆肾形或近圆形；囊群盖肾形，褐棕色，边缘色较淡，无毛。

【生物学特性】附生或土生植物，以孢子进行繁殖。

【分布与危害】分布于浙江、福建、台湾、湖南南部、广东、海南、广西、贵州、云南和西藏，多生于海拔1 500m以下的溪边林下。为咖啡园次要杂草，中度危害。

植株

茎

叶

十字花科 Brassicaceae

192. 碎米荠 *Cardamine occulta* Hornem.

【形态特征】株高6～30cm，茎基部分枝，下部呈淡紫色。基生叶具柄，奇数羽状复叶，顶生小叶圆卵形。总状花序顶生，萼片4，绿色或淡紫色；花瓣4，白色。长角果狭线形。

【生物学特性】越年生或一年生草本，以种子进行繁殖。冬前出苗，花期2～4月，果期4～6月。

【分布与危害】主要分布于长江流域，多见于土壤疏松肥沃且潮湿的环境。为咖啡园次要杂草，植株生物量小，危害轻或几乎无危害。

植株

花　　　　　　　　　　　　　　角果

石松科Lycopodiaceae

193. **石松** *Lycopodium japonicum* Thunb.

【形态特征】匍匐茎地上生，细长横走，二至三回分枝，绿色，被稀疏的叶；侧枝直立，高达40cm，多回二叉分枝，稀疏，压扁状。叶螺旋状排列，密集，上斜，披针形或线状披针形，基部楔形，下延，无柄，先端渐尖，具透明发丝，边缘全缘，草质，中脉不明显。孢子囊穗3～8个集生于长达30cm的总柄，总柄上苞片螺旋状稀疏着生，薄草质，形状如叶片；孢子囊穗不等位着生，直立，圆柱形，具1～5cm长的长小柄；孢子叶阔卵形，先端急尖，具芒状长尖头，边缘膜质，啮蚀状，纸质；孢子囊生于孢子叶腋，略外露，圆肾形，黄色。

【生物学特性】多年生土生植物，以孢子进行繁殖。

【分布与危害】产于全国除东北、华北以外的其他各省份，生于海拔100～3 300m的林下、灌丛下、草坡上、路边或岩石上。为咖啡园次要杂草，轻度危害。

植株　　　　　　　　　　　　　茎

石竹科 Caryophyllaceae

194. 繁缕 *Stellaria media* (L.) Villars

【形态特征】株高10～30cm。茎俯仰或上升，基部多少分枝，常带淡紫红色，被1～2列毛。叶片宽卵形或卵形，长1.5～2.5cm，宽1～1.5cm，顶端渐尖或急尖，基部渐狭或近心形，全缘；基生叶具长柄，上部叶常无柄或具短柄。疏聚伞花序顶生；花梗细弱，具1列短毛，花后伸长，下垂，长7～14mm；萼片5，卵状披针形，长约4mm，顶端稍钝或近圆形，边缘宽膜质，外面被短腺毛；花瓣白色，长椭圆形，比萼片短，深2裂达基部，裂片近线形；雄蕊3～5枚，短于花瓣；花柱3枚，线形。蒴果卵形，稍长于宿存萼，顶端6裂，具多数种子；种子卵圆形至近圆形，稍扁，红褐色，直径1～1.2mm，表面具半球形瘤状凸起，脊较显著。

【生物学特性】一年生或多年生草本，以种子进行繁殖，喜温湿环境。花期6～7月，果期7～8月。

【分布与危害】云南各地均有分布，多见于地表疏松、潮湿的咖啡园。为咖啡园次要杂草，轻度危害。

植株

茎

叶

花序

195. **荷莲豆草** *Drymaria cordata* (L.) Willldenow ex Schultes

【形态特征】长60～90cm。根纤细。茎匍匐，丛生，纤细，无毛，基部分枝，节常生不定根。叶片卵状心形，长1～1.5cm，宽1～1.5cm，顶端凸尖，具3～5基出脉；叶柄短；托叶数片，小型，白色，刚毛状。聚伞花序顶生；苞片针状披针形，边缘膜质；花梗细弱，短于花萼，被白色腺毛；萼片披针状卵形，长2～3.5mm，草质，边缘膜质，具3条脉，被腺柔毛；花瓣白色，倒卵状楔形，长约2.5mm，稍短于萼片，顶端2深裂；雄蕊稍短于萼片，花丝基部渐宽，花药黄色，圆形，2室；子房卵圆形；花柱3枚，基部合生。蒴果卵形，长2.5mm，宽1.3mm，3瓣裂；种子近圆形，长1.5mm，宽1.3mm，表面具小疣。

【生物学特性】一年生草本，以种子或匍匐茎进行繁殖。花期4～10月，果期6～12月。

【分布与危害】分布于浙江、福建、台湾、广东、海南、广西、贵州、四川、湖南、云南、西藏等省份，生于海拔200～2400m的山谷、杂木林缘。为咖啡园次要杂草，轻度危害。

植株

叶

花

薯蓣科 Dioscoreaceae

196. **参薯** *Dioscorea alata* L.

【形态特征】野生的块茎多数为长圆柱形，栽培的变异大，有长圆柱形、圆锥形、球形、扁圆形而重叠，或有各种分枝，通常圆锥形或球形的块茎外皮为褐色或紫黑色，断面白色带紫色，其余的外皮为淡灰黄色，断面白色，有时带黄色。茎右旋，无毛，通常有4条狭翅，基部有时有刺。单叶，在茎下部的互生，中部以上的对生；叶片绿色或带紫红色，纸质，卵形至卵圆形，长6～20cm，宽4～13cm，顶端短渐尖、尾尖或凸尖，基部心形、深心形至箭形，有时为戟形，两耳钝，两面无毛；叶柄绿色或带紫红色，长 4 ～ 15cm。叶腋内有大小不等的珠芽，珠芽为球形、卵形或倒卵形，有时扁平。雌雄异株。雄花序为穗状花序，长 1.5 ～ 4cm，通常 2 个至数个簇生或单生于花序轴上排列成圆锥花序，圆锥花序长可达数十厘米；花序轴明显地呈"之"字状曲折；雄花的外轮花被片为宽卵形，长 1.5 ～ 2mm，内轮倒卵形；雄蕊 6 枚。雌花序为穗状花序，1 ～ 3 个着生于叶腋；雌花的外轮花被片为宽卵形，内轮为倒卵状长圆形，较小而厚；退化雄蕊 6 枚。蒴果不反折，三棱状扁圆形，有时为三棱状倒心形，长 1.5 ～ 2.5cm，宽 2.5 ～ 4.5cm；种子着生于每室中轴中部，四周有膜质翅。

【生物学特性】多年生缠绕草质藤本，以根状茎进行繁殖。花期 11 月至翌年 1 月，果期 12 月至翌年 1 月。

【分布与危害】可能原产于孟加拉湾的北部和东部，我国浙江、江西、福建、台湾、湖北、湖南、广东、广西、贵州、四川、云南、西藏等省份常有栽培。咖啡园多为逃逸野生，为咖啡园地域性主要杂草，危害较严重。

植株

茎

叶

天南星科 Araceae

197. 犁头尖 *Typhonium blumei* Nicolson & Sivad.

【形态特征】块茎近球形、头状或椭圆形，黑褐色，具环节，节间有黄色根迹，颈部生长 1 ～ 4cm 的黄白色纤维状须根，散生疣凸状芽眼。幼株叶 1 ～ 2 枚，叶片深心形、卵状心形至戟形，多年生植株有叶 4 ～ 8 枚，叶柄长 20 ～ 24cm，基部 4cm 鞘状、莺尾式排列，淡绿色，上部圆柱形，绿色；叶片绿色，背淡，戟状三角形；后裂片长卵形，外展，长 6cm；中肋 2 面稍隆起，侧脉 3 ～ 5 对，最下 1 对基出，伸展为侧裂片的主脉，集合脉 2 圈。花序柄单一，从叶腋抽出，淡绿色，圆柱形，直立。佛焰苞管部绿色，卵形；檐部绿紫色，卷成长角状，盛花时展开，后仰，卵状长披针形，中部以上骤狭成带状下垂，先端旋曲，内面深紫色，外面绿紫色。肉穗花序无柄，雌花序圆锥形；中性花序长1.7～4cm，下部7～8mm长具花，连花粗4mm，无花部分粗约1mm，淡绿色；雄花序长4～9mm，粗约4mm，橙黄色；附属器深紫色，具强烈的粪臭，长10～13cm，基部斜截形，明显具细柄，粗4mm，向上渐狭成鼠尾状，近直立，下部1/3具疣皱，向上平滑。雄花近无柄，雌花黄色，中性花线形，两头黄色，腰部红色。

植株

【生物学特性】一年生草本，以块茎进行繁殖。花期5～7月。

【分布与危害】分布于浙江、江西、福建、湖南、广东、广西、四川、云南，多见于海拔1 200m以下的地边、田头、草坡、石隙中。为咖啡园次要杂草，轻度危害。

叶

佛焰苞

通泉草科 Mazaceae

198. 通泉草 *Mazus pumilus* (Burm. f.) Steenis

【形态特征】主根伸长，垂直向下或短缩，须根纤细，多数，散生或簇生。茎无毛或疏生短柔毛。体态上变化幅度很大，茎1～5分枝或有时更多，直立，上升或倾卧状上升，着地部分节上常能长出不定根，分枝多而披散，少不分枝。基生叶少到多数，有时呈莲座状或早落，倒卵状匙形至卵状倒披针形，膜质至薄纸质，顶端全缘或有不明显的疏齿，基部楔形，下延成带翅的叶柄，边缘具不规则的粗齿或基部有1～2片浅羽裂；茎生叶对生或互生，少数，与基生叶相似或几乎等大。总状花序生于茎、枝顶端，常在近基部即生花，伸长或上部成束状，通常3～20朵，花稀疏；花梗在果期长达10mm，上部的较短；花萼钟状，萼片与萼筒近等长，卵形，端急尖，脉不明显；花冠白色、紫色或蓝色，上唇裂片卵状三角形，下唇中裂片较小，稍突出，倒卵圆形；子房无毛。蒴果球形；

种子小而多数，黄色，种皮上有不规则的网纹。

【生物学特性】一年生草本，以种子进行繁殖。花果期4～10月。

【分布与危害】遍布全国，仅内蒙古、宁夏、青海及新疆未见标本，多见于海拔2 500m以下湿润的草坡、沟边、路旁及林缘。为咖啡苗圃特有杂草，属咖啡园次要杂草，轻度危害。

植株 花

土人参科 Talinaceae

199. 土人参 *Talinum paniculatum* (Jacq.) Gaertn.

【形态特征】全株无毛，高30～100cm。主根粗壮，圆锥形，有少数分枝，皮黑褐色，断面乳白色。茎直立，肉质，基部近木质，多少分枝，圆柱形，有时具槽。叶互生或近对生，具短柄或近无柄，叶片稍肉质，倒卵形或倒卵状长椭圆形，长5～10cm，宽2.5～5cm，顶端急尖，有时微凹，具短尖头，基部狭楔形，全缘。圆锥花序顶生或腋生，较大形，常二叉状分枝，具长花序梗；花小，直径约6mm；总苞片绿色或近红色，圆形，顶端圆钝，长3～4mm；苞片2，膜质，披针形，顶端急尖，长约1mm；花梗长5～10mm；萼片卵形，紫红色，早落；花瓣粉红色或淡紫红色，长椭圆

植株 花序

形、倒卵形或椭圆形，长6～12mm，顶端圆钝，稀微凹；雄蕊比花瓣短；花柱线形，长约2mm，基部具关节；柱头3裂，稍开展；子房卵球形，长约2mm。蒴果近球形，直径约4mm，3瓣裂，坚纸质；种子多数，扁圆形，直径约1mm，黑褐色或黑色，有光泽。

【生物学特性】多年生草本，以种子或块茎进行繁殖。花期6～7月，果期9～10月。

【分布与危害】原产于热带美洲，在我国江苏、广西、广东、四川、云南等地均有分布，多见于田野、路边、墙脚石旁、山坡沟边等潮湿处。为咖啡园次要杂草，危害较轻。

花

蒴果

无患子科 Sapindaceae

200 倒地铃 *Cardiospermum halicacabum* L.

【形态特征】长1～5m；茎、枝绿色，有5棱或6棱，棱上被皱曲柔毛。二回三出复叶，轮廓为三角形；叶柄长3～4cm；小叶近无柄，薄纸质，顶生的斜披针形或近菱形，长3～8cm，宽1.5～2.5cm，顶端渐尖，侧生的稍小，卵形或长椭圆形，边缘有疏锯齿或羽状分裂，腹面近无毛或有稀疏微柔毛，背面中脉和侧脉上被疏柔毛。圆锥花序少花，与叶近等长或稍长，总花梗直，长

植株

茎

4 ～ 8cm，卷须螺旋状；萼片4，被缘毛，外面2片圆卵形，长8 ～ 10mm，内面2片长椭圆形，比外面2片约长1倍；花瓣乳白色，倒卵形；雄蕊与花瓣近等长或稍长，花丝被疏而长的柔毛；子房倒卵形或有时近球形，被短柔毛。蒴果梨形、陀螺状倒三角形或有时近长球形，高1.5 ～ 3cm，宽2 ～ 4cm，褐色，被短柔毛；种子黑色，有光泽，直径约5mm，种脐心形，鲜时绿色，干时白色。

【生物学特性】一年生草本，以种子进行繁殖。

【分布与危害】我国东部、南部和西南部很常见，北部较少，生长于田野、灌丛、路边和林缘。为咖啡园地域性主要杂草，以茎缠绕咖啡植株造成危害，较严重。

叶

果实

西番莲科 Passifloraceae

201. 龙珠果 *Passiflora foetida* L.

【形态特征】长数米，有臭味；茎具条纹并被平展柔毛。叶膜质，宽卵形至长圆状卵形，长4.5 ～ 13cm，宽4 ～ 12cm，先端3浅裂，基部心形，边缘呈不规则波状，通常具头状缘毛，上面被丝状伏毛，并混生少许腺毛，下面被毛并有较多小腺体，叶脉羽状，侧脉4 ～ 5对，网脉横出；叶柄长2 ～ 6cm，密被平展柔毛和腺毛，不具腺体；托叶半抱茎，深裂，裂片顶端具腺毛。聚伞花序退化仅存1花，与卷须对生。花白色或淡紫色，具白斑，直径2 ～ 3cm；苞片3枚，一至三回羽状分裂，裂片丝状，顶端具腺毛；萼片5枚，长1.5cm，外面近顶端具1角状附属器；花瓣5枚，与萼片等长；外副花冠裂片3 ～ 5轮，丝状，外2轮裂片长4 ～ 5mm，内3轮裂片长约2.5mm；内副花冠非褶状，膜质，高1 ～ 1.5mm；具花盘，杯状，高1 ～ 2mm；雌雄蕊柄长5 ～ 7mm；雄蕊5枚，花丝基部合生，扁平，花药长圆形，长约4mm；子房椭圆球形，具短柄，被稀疏腺毛或无毛；柱头头状。浆果卵圆球形，无毛；种子多数，椭圆形，草黄色。

【生物学特性】多年生草本，以种子进行繁殖。花期7 ～ 8月，果期翌年4 ～ 5月。

【分布与危害】原产西印度群岛，现为泛热带杂草，常见逸生于海拔120 ～ 500m的草坡路边。为咖啡园地域性主要杂草，以藤本缠绕咖啡植株造成危害，较严重。

叶

卷须

花

浆果

苋科 Amaranthaceae

202. 凹头苋 *Amaranthus blitum* L.

【形态特征】株高 10 ~ 30cm，全体无毛；茎伏卧而上升，从基部分枝，淡绿色或紫红色。叶片卵形或菱状卵形，长 1.5 ~ 4.5cm，宽 1 ~ 3cm，顶端凹缺，有 1 芒尖，或微小不显，基部宽楔形，全缘或稍呈波状；叶柄长 1 ~ 3.5cm。花簇腋生，生在茎端和枝端者成直立穗状花序或圆锥花序；苞片及小苞片矩圆形，长不及 1mm；花被片矩圆形或披针形，长 1.2 ~ 1.5mm，淡绿色，顶端急尖，边缘内曲，背部有 1 隆起中脉；雄蕊比花被片稍短；柱头 3 枚或 2 枚，果熟时脱落。胞果扁卵形，长 3mm，不裂，微皱缩而近平滑，超出宿存花被片。种子环形，直径约 12mm，黑色至黑褐色，边缘具环状边。

【生物学特性】一年生草本，以种子进行繁殖，喜湿润环境，亦耐旱。花期 7 ~ 8 月，果期 8 ~ 9 月，1 株可产几千至几万粒种子。

【分布与危害】分布广泛，几乎全国均有分布。为咖啡园主要杂草，生物量巨大，容易吸引螨类害虫危害咖啡植株，危害较严重。

植株

茎

叶

花序

203. 莲子草 *Alternanthera sessilis* (L.) R. Br. ex DC.

【形态特征】株高10～45cm。圆锥根粗，直径可达3mm。茎上升或匍匐，绿色或稍带紫色，有条纹及纵沟，沟内有柔毛，在节处有一行横生柔毛。叶片形状及大小有变化，条状披针形、矩圆形、倒卵形、卵状矩圆形，长1～8cm，宽2～20mm，顶端急尖、圆形或圆钝，基部渐狭，全缘或有不明显锯齿，两面无毛或疏生柔毛；叶柄长1～4mm，无毛或有柔毛。头状花序1～4个，腋生，无总花梗，初为球形，后渐成圆柱形，直径3～6mm；花密生，花轴密生白色柔毛；苞片及小苞片白色，顶端短渐尖，无毛；苞片卵状披针形，小苞片钻形；花被片卵形，长2～3mm，白色，顶端渐尖或急尖，无毛，具1脉；雄蕊3枚，花丝长约0.7mm，基部连合成杯状，花药矩圆形；退化雄蕊三角状钻形，顶端渐尖，全缘；花柱极短，柱头短裂。胞果倒心形，长2～2.5mm，侧扁，翅状，深棕色，包在宿存花被片内；种子卵球形。

【生物学特性】多年生草本，以种子和匍匐茎进行繁殖。花期5～7月，果期7～9月。

【分布与危害】在安徽、江苏、浙江、江西、湖南、湖北、四川、云南、贵州、福建、台湾、广东、广西等地均有分布，多见于村庄附近的草坡、水沟、田边或沼泽、海边潮湿处。为咖啡园重要杂草，以潮湿的咖啡园危害最盛，非常严重。

花枝

204. 千日红 *Gomphrena globosa* L.

【形态特征】高20～60cm；茎粗壮，有分枝，枝略成四棱形，有灰色糙毛，幼时更密，节部稍膨大。叶片纸质，长椭圆形或矩圆状倒卵形，长3.5～13cm，宽1.5～5cm，顶端急尖或圆钝，凸尖，基部渐狭，边缘波状，两面有小斑点并被白色长柔毛及缘毛，叶柄长1～1.5cm，有灰色长柔毛。花多数，密生，呈顶生球形或矩圆形头状花序，单一或2～3个，直径2～2.5cm，常紫红色，有时淡紫色或白色；总苞具2片绿色对生叶状苞片，卵形或心形，长1～1.5cm，两面有灰色长柔毛；苞片卵形，长3～5mm，白色，顶端紫红色；小苞片三角状披针形，长1～1.2cm，紫红色，内面凹陷，顶端渐尖，背棱有细锯齿缘；花被片披针形，长5～6mm，不展开，顶端渐尖，外面密生白色棉毛，花期后不变硬；雄蕊花丝连合成管状，顶端5浅裂，花药生在裂片的内面，微伸出；花柱条形，比雄蕊管短，柱头2枚，叉状分枝。胞果近球形，直径2～2.5mm；种子肾形，棕色，光亮。

植株

叶　　　　　　　　　　　　　花

【生物学特性】一年生直立草本，以种子进行繁殖。花果期6～9月。

【分布与危害】原产美洲热带地区，我国南北方各省份均有栽培。野生逃逸后在部分咖啡园可见，为咖啡园次要杂草，轻度危害。

205. 青葙 *Celosia argentea* L.

【形态特征】株高0.3～1m，全体无毛；茎直立，有分枝，绿色或红色，具明显条纹。叶片矩圆披针形、披针形或披针状条形，少数卵状矩圆形，绿色常带红色，顶端急尖或渐尖，具小芒尖，基部渐狭；叶柄长2～15mm，或无叶柄。花多数，密生，在茎端或枝端成单一、无分枝的塔形或圆柱形穗状花序；苞片及小苞片披针形，白色，光亮，顶端渐尖，延长成细芒，具1中脉，在背部隆起；花被片矩圆状披针形，初为白色顶端带红色，或全部粉红色，后为白色，顶端渐尖。胞果卵形，长3～3.5mm，包裹在宿存花被片内；种子凸透镜状肾形。

【生物学特性】一年生草本，以种子进行繁殖。花期5～8月，果期6～10月。

【分布与危害】分布几遍全国，生于平原、田边、丘陵、山坡，海拔1 100m。为咖啡园次要杂草，轻度危害。

植株

茎

叶

花序

206. **土荆芥** *Dysphania ambrosioides* (L.) Mosyakin & Clemants

【形态特征】株高50 ～ 80cm，有强烈香气。茎直立，多分枝，有色条及钝条棱；枝通常细瘦，有短柔毛并兼有具节的长柔毛，有时近乎无毛。叶片矩圆状披针形至披针形，先端急尖或渐尖，边缘具稀疏不整齐的大锯齿，基部渐狭具短柄，上面平滑无毛，下面有散生油点并沿叶脉稍有毛，下部的叶长达15cm，宽达5cm，上部叶逐渐狭小而近全缘。花两性及雌性，生于上部叶腋；花被裂片5，较少为3，绿色，果时通常闭合；雄蕊5枚，花药长0.5mm；花柱不明显，柱头通常3枚，较少为4枚，丝形，伸出花被外。胞果扁球形，完全包于花被内；种子横生或斜生，黑色或暗红色，平滑，有光泽，边缘钝，直径约0.7mm。

【生物学特性】一年生或多年生草本，以种子进行繁殖。全年可见花果。

【分布与危害】原产美洲热带，现广布于世界热带及温带地区。我国广西、广东、福建、台湾、江苏、浙江、江西、湖南、四川、云南等省份有野生，喜生于村旁、路边、河岸等处。为咖啡园地域性主要杂草，种群较大时危害较严重。

植株　　　　　　　　　　　　　　　　茎

叶　　　　　　　　　　　　　　　　花序

207. 土牛膝 *Achyranthes aspera* L.

【形态特征】株高20～120cm；根细长，直径3～5mm，土黄色；茎四棱形，有柔毛，节部稍膨大，分枝对生。叶片纸质，宽卵状倒卵形或椭圆状矩圆形，长1.5～7cm，宽0.4～4cm，顶端圆钝，具突尖，基部楔形或圆形，全缘或波状缘，两面密生柔毛，或近无毛；叶柄长5～15mm，密生柔毛或近无毛。穗状花序顶生，直立，长10～30cm，花期后反折；总花梗具棱角，粗壮，坚硬，密生白色伏贴或开展柔毛；花长3～4mm，疏生；苞片披针形，长3～4mm，顶端长渐尖，小苞片刺状，长2.5～4.5mm，坚硬，光亮，常带紫色，基部两侧各有1个薄膜质翅，长1.5～2mm，全缘，全部贴生在刺部，但易于分离；花被片披针形，长3.5～5mm，长渐尖，花后变硬且锐尖，具1脉；雄蕊长2.5～3.5mm，退化雄蕊顶端截状或细圆齿状，有具分枝流苏状长缘毛。胞果卵形，长2.5～3mm；种子卵形，不扁压，长约2mm，棕色。

【生物学特性】多年生草本，以种子或茎进行繁殖。花期6～8月，果期10月。

【分布与危害】在湖南、江西、福建、台湾、广东、广西、四川、云南、贵州等地均有分布，多见于海拔800～2300m的山坡疏林或村庄附近空旷地。为咖啡园次要杂草，发生量小，轻度危害。

植株

茎

茎尖

叶

花序

果实

208. 小藜 *Chenopodium ficifolium* Smith

【**形态特征**】株高20～50cm。茎直立，具条棱及绿色色条。叶片卵状矩圆形，长2.5～5cm，宽1～3.5cm，通常3浅裂；中裂片两边近平行，先端钝或急尖并具短尖头，边缘具深波状锯齿；侧裂片位于中部以下，通常各具2浅裂齿。花两性，数个团集，排列于上部的枝上形成较开展的顶生圆锥状花序；花被近球形，5深裂，裂片宽卵形，不开展，背面具微纵隆脊并有密粉；雄蕊5枚，开花时外伸；柱头2枚，丝形。胞果包在花被内，果皮与种子贴生；种子双凸镜状，黑色，有光泽，直径约1mm，边缘微钝，表面具六角形细洼；胚环形。

植株

茎

茎尖

【生物学特性】一年生草本，以种子进行繁殖。4～5月开始开花。

【分布与危害】我国除西藏无分布外其余各省份均有分布。为咖啡园次要杂草，对咖啡植株生长影响较小或几乎无影响。

叶　　　　　　　　　　　　　　　　　花序

玄参科 Scrophulariaceae

209. 白背枫 *Buddleja asiatica* Lour.

【形态特征】高1～8m。嫩枝条四棱形，老枝条圆柱形；幼枝、叶下面、叶柄和花序均密被灰色或淡黄色星状短茸毛，有时毛被极密而成棉毛状。叶对生，叶片膜质至纸质，狭椭圆形、披针形或长披针形，长6～30cm，宽1～7cm，顶端渐尖或长渐尖，基部渐狭而成楔形，有时下延至叶柄基部，全缘或有小锯齿，上面绿色，干后黑褐色，通常无毛，稀有星状短柔毛，下面淡绿色，干后灰黄色；侧脉每边10～14条，上面扁平，干后凹陷，下面凸起；叶柄长2～15mm。总状花序窄而长，由多个小聚伞花序组成，长5～25cm，宽0.7～2cm，单生或者3个至数个聚生于枝顶或上部叶腋内，再排列成圆锥花序；花梗长0.2～2mm；小苞片线形，短于花萼；花萼钟状或圆筒状，长1.5～4.5mm，外面被星状短柔毛或短茸毛，内面无毛，花萼裂片三角形，长为花萼之半；花冠芳香，白色，有时淡绿色，花冠管圆筒状，直立，长3～6mm，外面近无毛或被稀疏星状毛，内面仅中部以上被短柔毛或棉毛，花冠裂片近圆形，长1～1.7mm，宽1～1.5mm，广展，外面几无毛；雄蕊着生于花冠管喉部，花丝极短，花药长圆形，基部心形，花粉粒长球状，具3沟孔；雌蕊长2～3mm，无毛，子房卵形或长卵形，长1～1.5mm，宽0.8～1mm，花柱短，柱头头状，2裂。蒴果椭圆状，长3～5mm，直径1.5～3mm；种子灰褐色，椭圆形，长0.8～1mm，宽0.3～0.4mm，两端具短翅。

【生物学特性】多年生灌木，以种子进行繁殖。花期5～10月，果期9～12月。

【分布与危害】广泛分布于陕西、甘肃、江苏、浙江、江西、湖北、湖南、广东、广西、四川、贵州、云南和西藏等地，多见于海拔800～3 000m的山坡、沟边灌木丛中。为咖啡园主要杂草，危害严重。

植株

茎尖

茎

花序

果实

旋花科 Convolvulaceae

210. 飞蛾藤 *Dinetus racemosus* (Wallich) Buch. -Ham. ex Sweet

【形态特征】长达10m，幼茎被硬毛，后无毛。叶宽卵形，先端渐尖或尾尖，基部深心形，两面被短柔毛或茸毛，基出脉7，叶柄长。花梗长3～7mm；小苞片2，钻形；萼片线状；花冠白色，冠筒带黄色，漏斗形，冠檐5裂至中部，裂片长圆形，开展；雄蕊内藏，花丝短于花药；子房无毛，柱头棒状，顶端微缺。蒴果卵圆形；宿萼匙形或倒披针形；种子黑褐色。

【生物学特性】多年生草质藤本，以种子进行繁殖。在云南10月可见开花。

【分布与危害】分布于云南和四川，多见于海拔1 600m左右的咖啡园。为部分咖啡园特有杂草，属咖啡园地域性主要杂草，危害较严重。

植株

叶

花

211. 牵牛 *Ipomoea nil* (L.) Roth

【形态特征】茎上被倒向的短柔毛及杂有倒向或开展的长硬毛。叶宽卵形或近圆形，深或浅的3裂，偶5裂，长4～15cm，宽4.5～14cm，基部圆，心形，中裂片长圆形或卵圆形，渐尖或骤尖，侧裂片较短，三角形，裂口锐或圆，叶面被微硬的柔毛；叶柄长2～15cm，毛被同茎。花腋生，单一或通常2朵着生于花序梗顶，花序梗长短不一，长1.5～18.5cm，通常短于叶柄，有时较长，毛被同茎；苞片线形或叶状，被开展的微硬毛；花梗长2～7mm；小苞片线形；萼片近等长，长2～2.5cm，披针状线形，内面2片稍狭，外面被开展的刚毛，基部更密，有时也杂有短柔毛；花冠漏斗状，长5～10cm，蓝紫色或紫红色，花冠管色淡；雄蕊及花柱内藏；雄蕊不等长；花丝基部被柔毛；子房无毛，柱头头状。蒴果近球形，直径0.8～1.3cm，3瓣裂；种子卵状三棱形，长约6mm，黑褐色或米黄色，被褐色短茸毛。

【生物学特性】一年生缠绕草本，以种子进行繁殖。春秋两季可见花果。

【分布与危害】原产美洲热带地区，现已广植于热带和亚热带地区。我国除西北和东北的一些省份外，大部分地区都有分布，多见于海拔 100 ～ 1 600m 的山坡灌丛、干燥河谷路边、园边宅旁、山地路边。为咖啡园次要杂草，轻度危害。

叶

花

花苞

果实

212. 小心叶薯 *Ipomoea obscura* (L.) Ker Gawl.

【形态特征】茎纤细，圆柱形，有细棱，被柔毛或棉毛或有时近无毛。叶心状圆形或心状卵形，有时肾形，长 2 ～ 8cm，宽 1.6 ～ 8cm，顶端骤尖或锐尖，具小尖头，基部心形，全缘或微波状，两面被短毛并具缘毛，或两面近于无毛仅有短缘毛，侧脉纤细，3 对，基出掌状；叶柄细长，长 1.5 ～ 3.5cm，被开展短柔毛。聚伞花序腋生，通常有 1 ～ 3 朵花，花序梗纤细，长 1.4 ～ 4cm，无毛或散生柔毛；苞片小，钻状，长 1.5mm；花梗长 0.8 ～ 2cm，近于无毛，结果时顶端膨大；萼片近等长，椭圆状卵形，长 4 ～ 5mm，顶端具小短尖头，无毛或外方 2 片外面被微柔毛，萼片于果熟时通常反折；花冠漏斗状，白色或淡黄色，长约 2cm，具 5 条深色的瓣中带，花冠管基部深紫色；雄蕊及花柱内藏；花丝极不等长，基部被毛；子房无毛。蒴果圆锥状卵形或近于球形，顶端有锥尖状的花柱基，直径6～8mm，2室，4瓣裂；种子4粒，黑褐色，长4～5mm，密被灰褐色短茸毛。

【生物学特性】多年生缠绕草本，以地下茎和种子进行繁殖。花果期春夏季。

【分布与危害】产于台湾、广东及其沿海岛屿、云南，多生于海拔100～580m的旷野沙地、海边、疏林或灌丛。在云南分布区域较广，为咖啡园次要杂草，轻度危害。

植株

茎和花苞

叶

花

果实

213. **圆叶牵牛** *Ipomoea purpurea*（L.）Roth

【形态特征】茎上被倒向的短柔毛，杂有倒向或开展的长硬毛。叶圆心形或宽卵状心形，长4～18cm，宽3.5～16.5cm，基部圆，心形，顶端锐尖、骤尖或渐尖，通常全缘，偶有3裂，两面疏或密被刚伏毛；叶柄长2～12cm，毛被与茎相同。花腋生，单一或2～5朵着生于花序梗顶端成伞形聚伞花序，花序梗比叶柄短或近等长，长4～12cm，毛被与茎相同；苞片线形，长6～7mm，被开展的长硬毛；花梗长1.2～1.5cm，被倒向短柔毛及长硬毛；萼片近等长，长1.1～1.6cm，外面3片长椭圆形，渐尖，内面2片线状披针形，外面均被开展的硬毛，基部更密；花冠漏斗状，长4～6cm，紫红色、红色或白色，花冠管通常白色，瓣中带于内面色深，外面色淡；雄蕊与花柱内

植株

茎

叶

花苞

花

藏；雄蕊不等长，花丝基部被柔毛；子房无毛，3室，每室2胚珠，柱头头状；花盘环状。蒴果近球形，直径9～10mm，3瓣裂；种子卵状三棱形，长约5mm，黑褐色或米黄色。

【生物学特性】一年生缠绕草本，以种子进行繁殖。夏秋两季可见花果。

【分布与危害】原产美洲热带地区，广泛引植于世界各地，或已成为归化植物。我国大部分地区有分布，生于海拔2 800m以下的田边、路边、宅旁或山谷林内。为咖啡园地域性主要杂草，生物量大，危害较严重。

荨麻科 Urticaceae

214. 大蝎子草 *Girardinia diversifolia* (Link) Friis

【形态特征】茎下部常木质化；茎高达2m，具5棱，生刺毛和细糙毛或伸展的柔毛，多分枝。叶片轮廓宽卵形、扁圆形或五角形，茎上的叶较大，分枝上的叶较小，长和宽均8～25cm，基部宽心形或近截形，具3～7深裂片，稀不裂，边缘有不规则的牙齿或重牙齿，上面疏生刺毛和糙伏毛，下面生糙伏毛或短硬毛，下面脉上疏生刺毛，基生脉3条；叶柄长3～15cm，毛被同茎；托叶大，长圆状卵形，长10～30mm，外面疏生细糙伏毛。花雌雄异株或同株，雌花序生上部叶腋，雄花序生下部叶腋。雄花序多次二叉状分枝排成总状或近圆锥状，长5～11cm；雌花序总状或近圆锥状，稀

茎

茎尖

叶

叶柄

长穗状，在果时长10～25cm，序轴上具糙伏毛和伸展的粗毛，小团伞花枝上密生刺毛和细粗毛。雄花近无梗；在芽时直径约1mm，花被片4，卵形，内凹，外面疏生细糙毛；退化雌蕊杯状。雌花长约0.5mm；花被片大的一枚舟形，长约0.4mm，先端有3齿，背面疏生细糙毛，小的一枚条形，较短；子房狭长圆状卵形。瘦果近心形，稍扁，长2.5～3mm，熟时变棕黑色，表面有粗疣点。

【生物学特性】多年生高大草本，以种子进行繁殖。花期9～10月，果期10～11月。

【分布与危害】产于西藏、云南、贵州、四川、湖北等省份，生于山谷、溪旁、山地林边或疏林下。为咖啡园地域性主要杂草，种群较大时危害较严重，影响正常农事操作。

215. 糯米团 *Gonostegia hirta* (Bl.) Miq.

【形态特征】茎蔓生、铺地或渐升，长50～160cm，基部粗1～2.5mm，不分枝或分枝，上部四棱形，有短柔毛。叶对生；叶片草质或纸质，宽披针形至狭披针形、狭卵形，稀卵形或椭圆形，顶端长渐尖至短渐尖，基部浅心形或圆形，边缘全缘，上面稍粗糙，有稀疏短伏毛或近无毛，下面沿脉有疏毛或近无毛，基出脉3～5条；叶柄长1～4mm；托叶钻形，长约2.5mm。团伞花序腋生，通常两性，有时单性，雌雄异株，直径2～9mm；苞片三角形，长约2mm。雄花花梗长1～4mm；花蕾直径约2mm，在内折线上有稀疏长柔毛；花被片5，分生，倒披针形，长2～2.5mm，顶端短

植株

茎

叶

花序

骤尖；雄蕊5枚，花丝条形，长2～2.5mm，花药长约1mm；退化雌蕊极小，圆锥状。雌花花被菱状狭卵形，长约1mm，顶端有2小齿，有疏毛，果期呈卵形，长约1.6mm，有10条纵肋；柱头长约3mm，有密毛。瘦果卵球形，长约1.5mm，白色或黑色，有光泽。

【生物学特性】多年生草本，以种子或茎进行繁殖。花期5～9月。

【分布与危害】自西藏东南部、云南、华南至陕西南部及河南南部广布，多生于海拔100～1 000m的丘陵或低山林中、灌丛中、沟边草地，在云贵高原一带可达海拔1 500～2 700m。为咖啡园次要杂草，轻度危害。

216. 山冷水花 *Pilea japonica* (Maxim.) Hand.-Mazz.

【形态特征】茎肉质，无毛，不分枝或具分枝。叶对生，在茎顶部的叶密集成近轮生，同对的叶不等大，菱状卵形或卵形，稀三角状卵形或卵状披针形，先端常锐尖，有时钝尖或粗尾状渐尖，基部楔形，稀近圆形或近截形，稍不对称，边缘具短睫毛，下部全缘，其余每侧有数枚圆锯齿或钝齿，下部的叶有时全缘，两面生极稀疏的短毛，基出脉3条，其侧生的一对弧曲，伸达叶中上部齿尖，或与最下部的侧脉在近边缘处环结，钟乳体细条形，长0.3～0.4mm，在上面明显；叶柄纤细，光滑无毛；托叶膜质，淡绿色，长圆形，半宿存。花单性，雌雄同株，常混生，或异株，雄聚伞花序具细梗，常紧缩成头状或近头状；雌聚伞花序具纤细的长梗，团伞花簇常紧缩成头状或近头状，1～2

植株

茎

叶

果实

枚或数枚疏松排列于花枝上，序轴近于无毛或具微柔毛；苞片卵形。雄花具梗，在芽时倒卵形或倒圆锥形；花被片5枚，覆瓦状排列。雌花具梗；花被片5枚，近等大，长圆状披针形，与子房近等长，其中2～3枚在背面常有龙骨状突起，先端生稀疏短刚毛；子房卵形；退化雄蕊明显，鳞片状，长圆状披针形。瘦果卵形，稍扁，长1～1.4mm，熟时灰褐色，外面有疣状突起，几乎被宿存花被包裹。

【生物学特性】一年生草本，以种子进行繁殖。花期7～9月，果期8～11月。

【分布与危害】产于吉林、辽宁、河北、河南、陕西与甘肃的秦岭山脉、四川、贵州、云南东部、广西、广东北部、湖南、湖北、江西、安徽、浙江、福建和台湾，生于海拔500～1 900m的山坡林下、山谷溪旁草丛中或石缝、树干长苔藓的阴湿处，常成片生长。为咖啡园次要杂草，轻度危害。

217. 小赤麻 *Boehmeria spicata* (Thunb.) Thunb.

【形态特征】茎高40～100cm，常分枝，疏被短伏毛或近无毛。叶对生；叶片薄草质，卵状菱形或卵状宽菱形，长2.4～7.5cm，宽1.5～5cm，顶端长骤尖，基部宽楔形，边缘每侧在基部之上有3～8个大牙齿，两面疏被短伏毛或近无毛，侧脉1～2对；叶柄长1～6.5cm。穗状花序单生叶腋，雌雄异株或雌雄同株，茎上部的为雌性，其下的为雄性，雄花序长约2.5cm，雌花序长4～10cm。雄花花被片3～4，椭圆形，长约1mm，下部合生，外面有稀疏短毛；雄蕊3～4枚，花药近圆形；

植株

茎

叶

果实

退化雌蕊椭圆形，长约0.5mm。雌花花被近狭椭圆形，长约0.6mm，齿不明显，外面有短柔毛，果期呈菱状倒卵形或宽菱形，长约1mm；柱头长1～1.2mm。

【生物学特性】多年生草本或亚灌木，以种子进行繁殖。花期6～8月。

【分布与危害】分布于江西、浙江、江苏、湖北、河南、山东及云南等地，生于丘陵或低山草坡、石上、沟边。为咖啡园地域性主要杂草，种群较大时危害较严重。

218. 小叶冷水花 *Pilea microphylla* (L.) Liebm.

【形态特征】纤细，无毛，铺散或直立。茎肉质，多分枝，高3～17cm，粗1～1.5mm，干时常变蓝绿色，密布条形钟乳体。叶很小，同对的不等大，倒卵形至匙形，长3～7mm，宽1.5～3mm，先端钝，基部楔形或渐狭，全缘，稍反曲，上面绿色，下面浅绿色，干时呈细蜂巢状，钟乳体条形，上面明显，长0.3～0.4mm，横向排列，整齐，叶脉羽状，中脉稍明显，在近先端消失，侧脉数对，不明显；叶柄纤细，长1～4mm；托叶不明显，三角形，长约0.5mm。雌雄同株，有时同序，聚伞花序密集成近头状，具梗，稀近无梗，长1.5～6mm。雄花具梗，在芽时长约0.7mm；花被片4枚，卵形，外面近先端有短角状突起；雄蕊4枚；退化雌蕊不明显。雌花更小；花被片3枚，稍不等长，果时中间的1枚长圆形，稍增厚，与果近等长，侧生2枚卵形，先端锐尖，薄膜质；退化雄蕊不明显。瘦果卵形，长约0.4mm，熟时变褐色，光滑。

【生物学特性】一年生草本，以种子进行繁殖。花期夏秋季，果期秋季。

【分布与危害】原产南美洲热带地区，后引入亚洲、非洲热带地区，在我国广东、广西、云南、福建、江西、浙江和台湾低海拔地区已成为广泛的归化植物。多见于湿度过高、遮阳较大的咖啡园，为咖啡园次要杂草，轻度危害。

植株

鸭跖草科 Commelinaceae

219. 饭包草 *Commelina benghalensis* L.

【形态特征】茎披散，多分枝，被疏毛。叶鞘有疏长睫毛；叶片卵形或宽卵形，钝头，基部急缩成扁阔的叶柄，近无毛。总苞片佛焰苞状，柄极短，与叶对生，常数个集生枝顶，基部常生成漏斗状；聚伞花序有数朵，几不伸长；萼片3，膜质，蓝色，具爪，长4～5mm。蒴果，椭圆形；种子黑色。

【生物学特性】多年生匍匐草本，以匍匐茎进行繁殖。花果期7～10月。

【分布与危害】分布于河北及秦岭、淮河以南各省份，适生于阴湿地或林下潮湿处。为咖啡园主要杂草，群体较大时，危害较严重。

植株

茎

叶

花苞

花

220. **鸭跖草** *Commelina communis* L.

【形态特征】茎匍匐生根，多分枝，长可达1m，下部无毛，上部被短毛。叶披针形至卵状披针形，长3～9cm，宽1.5～2cm。总苞片佛焰苞状，有1.5～4cm的柄，与叶对生，折叠状，展开后为心形，顶端短急尖，基部心形，长1.2～2.5cm，边缘常有硬毛；聚伞花序，下面一枝仅有花1朵，具长8mm的梗，不孕；上面一枝具花3～4朵，具短梗，几乎不伸出佛焰苞。花梗花期长仅3mm，果期弯曲，长不过6mm；萼片膜质，长约5mm，内面2枚常靠近或合生；花瓣深蓝色，内面2枚具爪，长近1cm。蒴果椭圆形，长5～7mm，2室，2片裂，有种子4粒；种子长2～3mm，棕黄色，一端平截，腹面平，有不规则窝孔。

【生物学特性】一年生披散草本，以种子和茎进行繁殖。通常4～5月出苗，茎基部匍匐，着土后节易生根，匍匐蔓延迅速。花果期6～10月。

【分布与危害】全国均有分布，喜潮湿或阴湿地，常见于农田、果园。为咖啡园主要杂草，种群较大时危害较严重，可使咖啡幼苗生长不良或死亡。

茎

叶

花

野牡丹科 Melastomataceae

221. 星毛金锦香 *Osbeckia stellata* Buch.-Ham. ex D. Don

【形态特征】茎通常六棱形或四棱形，被疏平展刺毛或几无毛。叶对生或3枚轮生，叶片坚纸质，长圆状披针形至披针形，顶端渐尖，基部钝至近楔形，长8～13cm，宽2～3.7cm，全缘，具缘毛，基出脉5，两面被疏糙伏毛或几无毛，背面仅沿脉被毛或几无，毛基部膨大；叶柄长2～5mm，被毛。松散的聚伞花序组成圆锥花序，顶生；苞片广卵形，两面无毛；花梗几无，被极疏的刺毛及棍棒状肉质毛，裂片广披针形或卵状披针形，长约7mm，两面无毛，具缘毛；花瓣红色或紫红色，广卵形，顶端钝。蒴果长卵形，4纵裂，长约1cm，顶部具刚毛，其余被糙伏毛；宿存萼坛形，顶端平截，具纵肋，近上部缢缩成颈，毛常脱落，中部以下具向上平贴的刺毛状篦状毛。

【生物学特性】直立灌木，以种子进行繁殖。花期8～9月，果期9～10月。

【分布与危害】产于四川、云南，生于海拔1 700 ～ 2 000m的沟边灌木丛或山坡林缘。为咖啡园次要杂草，轻度危害。

植株　　　　　　　　　　　　　　　　　茎

茎尖　　　　　　　　　　　　　　　　　叶

叶下珠科 Phyllanthaceae

222. **黄珠子草** *Phyllanthus virgatus* G. Forst.

【形态特征】通常直立，高60cm。茎基部具窄棱，或有时主茎不明显；枝条通常自茎基部发出，上部扁平而具棱；全株无毛。叶片近革质，线状披针形、长圆形或狭椭圆形，长5 ～ 25mm，宽2 ～ 7mm，顶端钝或急尖，有小尖头，基部圆而稍偏斜；几无叶柄；托叶膜质，卵状三角形，长约1mm，褐红色。通常2 ～ 4朵雄花和1朵雌花同簇生于叶腋。雄花花梗长约2mm；萼片6，宽卵形或近圆形；雄蕊3枚，花丝分离，花药近球形，花粉粒圆球形，具多合沟孔；花盘腺体6枚，长圆形。雌花花梗长约5mm，花萼深6裂，裂片卵状长圆形，紫红色，外折，边缘稍膜质；花盘圆盘状，不分裂；子房圆球形，3室，具鳞片状凸起，花柱分离，2深裂几达基部，反卷。蒴果扁球形，直径2 ～ 3mm，紫红色，有鳞片状凸起；果梗丝状，长5 ～ 12mm；萼片宿存。种子小，长0.5mm，具细疣点。

【生物学特性】一年生草本，以种子进行繁殖。花期4～5月，果期6～11月。

【分布与危害】分布于河北、山西、陕西等省份以及华东、华中、华南和西南等地区，多见于山地草坡、沟边草丛或路旁灌丛中。为咖啡园次要杂草，轻度危害。

植株

叶

果实

223. 叶下珠 *Phyllanthus urinaria* L.

【形态特征】株高10～60cm，茎通常直立，基部多分枝，枝倾卧而后上升；枝具翅状纵棱，上部被纵列疏短柔毛。叶片纸质，因叶柄扭转而呈羽状排列，长圆形或倒卵形，长4～10mm，宽2～5mm，顶端圆、钝或急尖而有小尖头，下面灰绿色，近边缘或边缘有1～3列短粗毛；侧脉每边4～5条，明显；叶柄极短，托叶卵状披针形，长约1.5mm。花雌雄同株，直径约4mm。雄花2～4朵簇生于叶腋，通常仅上面1朵开花，下面的很小；花梗长约0.5mm，基部有苞片1～2枚；萼片6，倒卵形，长约0.6mm，顶端钝；雄蕊3枚，花丝全部合生成柱状；花粉粒长球形，通常具5孔沟，少数3、4、6孔沟，内孔横长椭圆形；花盘腺体6枚，分离，与萼片互生。雌花单生于小枝中下部的叶腋内；花梗长约0.5mm；萼片6，近相等，卵状披针形，长约1mm，边缘膜质，黄白色；花盘圆盘状，边全缘；子房卵状，有鳞片状凸起，花柱分离，顶端2裂，裂片弯卷。蒴果圆球状，直径1～2mm，红色，表面具小凸刺，有宿存的花柱和萼片，开裂后轴柱宿存；种子长1.2mm，橙黄色。

【生物学特性】一年生草本，以种子进行繁殖。花期4～6月，果期7～11月。

【分布与危害】产于河北、山西、陕西等省份以及华东、华中、华南、西南等地区，通常生于海拔500m以下旷野平地、旱田、山地路旁或林缘。在云南海拔1 100m的湿润山坡草地亦见有生长，为咖啡园次要杂草，轻度危害。

植株　　　　　　　　　　　茎

叶　　　　　　　　　　　果实

罂粟科 Papaveraceae

224. 野罂粟 *Oreomecon nudicaulis* (L.) Banfi, Bartolucci, J. -M.Tison & Galasso

【形态特征】株高20～60cm。主根圆柱形，延长，上部粗2～5mm，向下渐狭，或为纺锤状；根茎短，增粗，通常不分枝，密盖麦秆色、覆瓦状排列的残枯叶鞘。茎极缩短。叶全部基生，叶片轮廓卵形至披针形，长3～8cm，羽状浅裂、深裂或全裂，裂片2～4对，全缘或再次羽状浅裂或深裂，小裂片狭卵形、狭披针形或长圆形，先端急尖、钝或圆，两面稍具白粉，被刚毛，极稀近无毛；叶柄长1～12cm，基部扩大成鞘，被斜展的刚毛。花葶1枚至数枚，圆柱形，直立，密被或疏被斜展的刚毛。花单生于花葶先端；花蕾宽卵形至近球形，长1.5～2cm，密被褐色刚毛，通常下垂；萼片2，舟状椭圆形，早落；花瓣4，宽楔形或倒卵形，边缘具浅波状圆齿，基部具短爪，淡黄色、黄色或橙黄色，稀红色；雄蕊多数，花丝钻形，长0.6～1cm，黄色或黄绿色，花药长圆形，长1～2mm，黄白色、黄色或稀带红色；子房倒卵形至狭倒卵形，长0.5～1cm，密被紧贴的刚毛，柱头4～8枚，辐射状。蒴果狭倒卵形、倒卵形或倒卵状长圆形，长1～1.7cm，密被紧贴的刚毛，具

植株

茎尖

花苞

花

浆果

种子

4 ~ 8 条淡色的宽肋；柱头盘平扁，具疏离、缺刻状的圆齿。种子多数，近肾形，小，褐色，表面具条纹和蜂窝小孔穴。

【生物学特性】一年生草本，以种子进行繁殖。花果期 3 ~ 10 月。

【分布与危害】原产中美洲和美洲热带地区，我国台湾、福建、广东及云南等地均为逸生。植株高大，具刺，影响咖啡植株生长及相关农事操作，为咖啡园地域性主要杂草。

紫草科 Boraginaceae

225. 琉璃草 *Cynoglossum furcatum* Wallich

【形态特征】高 40 ~ 60cm，稀达 80cm。茎单一或数条丛生，密被黄褐色糙伏毛。基生叶及茎下部叶具柄，长圆形或长圆状披针形，长 12 ~ 20cm，宽 3 ~ 5cm，先端钝，基部渐狭，上下两面密生贴伏毛；茎上部叶无柄，狭小，被密伏毛。花序顶生及腋生，分枝钝角叉状分开，无苞片，果期延长呈总状；花梗长 1 ~ 2mm，果期较花萼短，密生糙伏毛；花萼长 1.5 ~ 2mm，果期稍增大，长约 3mm，裂片卵形或卵状长圆形，外面密伏短糙毛；花冠蓝色，漏斗状，长 3.5 ~ 4.5mm，檐部直径 5 ~ 7mm，裂片长圆形，先端圆钝，喉部有 5 个梯形附属物，附属物长约 1mm，先端微凹，边缘密生白柔毛；花药长圆形，长约 1mm，宽 0.5mm，花丝基部扩张，着生花冠筒上 1/3 处；花柱肥厚，略四棱形，长约 1mm，果期长达 2.5mm，较花萼稍短。小坚果卵球形，长 2 ~ 3mm，直径 1.5 ~ 2.5mm，背面突，密生锚状刺，边缘无翅边或稀中部以下具翅边。

【生物学特性】多年生草本，以种子进行繁殖，多附着在毛皮动物或衣服上进行远距离传播。花果期 5 ~ 10 月。

【分布与危害】几乎遍及云南各地，多见于海波 300 ~ 3 040m 的林间草地、向阳山坡及路边。植株矮小，根系不发达，对咖啡植株影响较小，为咖啡园次要杂草。

植株

茎

叶

花苞

花序

花

果实

紫茉莉科 Nyctaginaceae

226. 紫茉莉 *Mirabilis jalapa* L.

【形态特征】高可达1m。根肥粗，倒圆锥形，黑色或黑褐色。茎直立，圆柱形，多分枝，无毛或疏生细柔毛，节稍膨大。叶片卵形或卵状三角形，长3～15cm，宽2～9cm，顶端渐尖，基部截形或心形，全缘，两面均无毛，脉隆起；叶柄长1～4cm，上部叶几无柄。花常数朵簇生枝端；花梗长1～2mm；总苞钟形，长约1cm，5裂，裂片三角状卵形，顶端渐尖，无毛，具脉纹，果时宿存；花被紫红色、黄色、白色或杂色，高脚碟状，筒部长2～6cm，檐部直径2.5～3cm，5浅裂；雄蕊5枚，花丝细长，常伸出花外，花药球形；花柱单生，线形，伸出花外，柱头头状。瘦果球形，直径5～8mm，革质，黑色，表面具皱纹；种子胚乳白粉质。

【生物学特性】一年生草本，以种子进行繁殖。花期6～10月，果期8～11月。

【分布与危害】原产美洲热带地区，我国南北方各地常栽培，有时逸为野生。为部分咖啡园特有杂草，属咖啡园次要杂草，轻度危害。

花序

花

酢浆草科 Oxalidaceae

227. 酢浆草 *Oxalis corniculata* L.

【形态特征】株高 10～35cm，全株被柔毛。根茎稍肥厚。茎细弱，多分枝，直立或匍匐，匍匐茎节上生根。叶基生或茎上互生；托叶小，长圆形或卵形，边缘被密长柔毛，基部与叶柄合生，或同一植株下部托叶明显而上部托叶不明显；叶柄长 1～13cm，基部具关节；小叶 3，无柄，倒心形，长 4～16mm，宽 4～22mm，先端凹入，基部宽楔形，两面被柔毛或表面无毛，沿脉被毛较密，边缘具贴伏缘毛。花单生或数朵集为伞形花序状，腋生，总花梗淡红色，与叶近等长；花梗长 4～15mm，果后延伸；小苞片 2，披针形，长 2.5～4mm，膜质；萼片 5，披针形或长圆状披针形，长 3～5mm，背面和边缘被柔毛，宿存；花瓣 5，黄色，长圆状倒卵形，长 6～8mm，宽 4～5mm；雄蕊 10 枚，花丝白色半透明，有时被疏短柔毛，基部合生，长、短互间，长者花药较大且早熟；子房长圆形，5 室，被短伏毛，花柱 5 枚，柱头头状。蒴果长圆柱形，长 1～2.5cm，5 棱；种子长卵形，长 1～1.5mm，褐色或红棕色，具横向肋状网纹。

【生物学特性】一年生多枝草本，以种子进行繁殖。2～9 月可见花、果。

【分布与危害】全国广布，生于山坡草地、河谷沿岸、路边、田边、荒地或林下阴湿处等。为咖啡园次要杂草，轻度危害。

植株

茎

叶

花

浆果

228. 红花酢浆草 *Oxalis corymbosa* DC.

【形态特征】无地上茎，地下部分有球状鳞茎，外层鳞片膜质，褐色，背具3条肋状纵脉，被长缘毛，内层鳞片呈三角形，无毛。叶基生；叶柄长5～30cm或更长，被毛；小叶3，扁圆状倒心形，长1～4cm，宽1.5～6cm，顶端凹入，两侧角圆形，基部宽楔形，表面绿色，被毛或近无毛；背面浅绿色，通常两面或有时仅边缘有干后呈棕黑色的小腺体，背面尤甚并被疏毛；托叶长圆形，顶部狭尖，与叶柄基部合生。总花梗基生，二歧聚伞花序，通常排列成伞形花序式，总花梗长10～40cm或更长，被毛；花梗、苞片、萼片均被毛；花梗长5～25mm，每花梗有披针形干膜质苞片2枚；萼片5，披针形，长4～7mm，先端有暗红色长圆形的小腺体2枚，

植株

顶部腹面被疏柔毛；花瓣5，倒心形，长1.5～2cm，淡紫色至紫红色，基部颜色较深；雄蕊10枚，长的5枚超出花柱，另5枚达子房中部，花丝被长柔毛；子房5室，花柱5枚，被锈色长柔毛，柱头浅2裂。

【**生物学特性**】多年生直立草本，以球状鳞茎进行繁殖，繁殖速度快。花果期3～12月。

【**分布与危害**】原产南美热带地区，现我国分布广泛，均为逃逸野生，喜低海拔的山地、道路、荒地或水田。为咖啡园次要杂草，其无地上茎，对咖啡植株影响较小。

地下球状鳞茎

叶

花序

花

第三章　咖啡园杂草绿色防除技术

云南省是我国最重要的咖啡生产区，全省98%以上的咖啡种植区分布在保山、临沧、大理（宾川）、德宏、普洱、怒江、文山及西双版纳等地。咖啡种植区多属于湿热或干热区，且多为山区，该区域的杂草生长速度快、种类繁多、控草难度大、除草成本高，在一定程度上制约了咖啡植株的生长和产量的稳定，也制约着咖啡产业的提质增效。针对云南省咖啡产区杂草的发生特点及草害防除技术研究和应用现状，笔者团队开发了咖啡园"农牧一体化"养鹅控草技术、粮经协同控草技术、绿肥植物控草技术、农林废弃物覆盖控草技术、地布覆盖除草技术、机械除草技术及人工除草技术共7项咖啡园杂草防除新技术。同时，根据咖啡实际生产情况，制定了咖啡苗圃杂草绿色防除技术、咖啡幼龄园杂草绿色防除技术、咖啡投产园杂草绿色防除技术及"瑰夏"咖啡园杂草绿色防除技术。

一、农牧一体化养鹅控草技术

农牧一体化（agro-pastoral integration，API）作为一种作物栽培与畜禽养殖新型复合农业生产模式，具有显著的经济效益和生态效益。咖啡园农牧一体化养鹅控草技术利用成鹅取食和踩踏咖啡园杂草，达到控制杂草生长的目的。技术要点为每亩咖啡园饲养3～5只成鹅，并在咖啡园内搭设饲养成鹅的简易大棚，定期在大棚内投放玉米作为补充食物，玉米投放量每月18.75～31.25kg。

咖啡园养鹅控草

二、粮经协同控草技术

粮经协同控草技术是粮食作物与经济作物种植相结合并采取相应的措施控制杂草的新技术。咖啡园行间种植2～3行粮食作物，如大豆、蚕豆、玉米、旱稻、小麦、马铃薯、甘薯等，可实现粮食作物与咖啡双增。种植初期，在咖啡园行间使用塑料膜进行短期覆盖后再种植粮食作物，一方面可以控制行间杂草的生长，并形成遮阳促进咖啡植株的生长；另一方面，咖啡园行间种植粮食作物可以获得额外的粮食产出，并在收获后期，将粮食作物的秸秆收割直接置于咖啡植株周围达到抑草和秸秆还田培肥的作用。该技术适用于新定植的咖啡园或行间距较大的咖啡园。

咖啡园粮经协同控草

三、绿肥植物控草技术

绿肥植物控草技术是在咖啡园行间种植以豆科植物为主的绿肥植物，如田菁、硬皮豆、大翼豆、新诺顿豆、平托花生、光叶紫花苕等，利用绿肥植物生物量大、生长快、竞争优势强等特点，达到以草控草的目的；同时，定期对绿肥进行刈割还田，可增加土壤有机质含量。如2019年在咖啡幼龄园种植豆科植物田菁和硬皮豆后，杂草的生物量和群落生物多样性显著降低，尤其是按照1.0kg/亩的播种量种植硬皮豆5个月后，咖啡园优势杂草香附子的生长和危害得到了控制；此外，通过绿肥种植还可以为天敌昆虫提供必要的藏匿空间，增加咖啡园节肢动物尤其是天敌昆虫的种类和数量，对咖啡园害虫种群的自然控制具有重要意义。该技术需要注意绿肥植物的生长情况，当绿肥植株接触咖啡植株时应该立即进行刈割，并将刈割的秸秆置于咖啡树干基部，控制基部杂草的生长。

种植绿肥植物控草

四、农林废弃物覆盖控草技术

农林废弃物覆盖控草技术是指利用植物秸秆和果树修剪后的枝条等覆盖地表，以达到抑制杂草生长的目的。将杧果、蛋黄果、荔枝等遮阳树种整形修剪后的枝干通过粉碎机粉碎后覆盖在咖啡园地表，覆盖厚度建议为6～15cm；也可将玉米、水稻、大豆秸秆及咖啡果皮（腐熟后）、咖啡壳等当地易获取的覆盖物，收集后覆盖于咖啡园行间进行覆盖控草；春季咖啡园清耕过程中，还可以将枯萎的茎秆收集后覆盖于咖啡基部，也具有一定的抑草作用。该方法的优点是秸秆覆盖后可以抑制杂草的生长，秸秆腐熟后还可以作为有机肥快速还田，促进咖啡植株生长。但秸秆腐烂后便会失去控草作用，需要定期进行秸秆覆盖，尤其是雨季。

农林废弃物覆盖控草

五、地布覆盖除草技术

咖啡园地布覆盖除草技术一般分为两种，一种是利用宽1～1.5m的地布对咖啡园行间进行全覆盖；另一种是使用规格为1m×1m的方形地布以咖啡植株为中心进行覆盖，其余区域裸露，覆盖后均采用地钉对地布周围进行固定，通常地布颜色一般选择黑色。该方法控草效果显著，尤其是对禾

地布覆盖除草

本科和菊科类杂草的防除效果显著，但该方法长期覆盖后会导致地表土壤板结，不利于咖啡植株的生长。因此，建议在杂草生长旺季进行覆盖，而春冬两季因杂草生长慢，不建议进行覆盖，该时期可揭开地布，进行松土，恢复杂草生长，维持咖啡园生物多样性水平。

六、机械除草技术

利用电动割草机、微型旋耕机或小型耕地机进行除草，该技术适合地势较为平缓的咖啡园，割草效率高，但对咖啡种植标准要求较高，株行距定植不标准使用机械除草难度大，容易损伤咖啡植株；同时，对操作者有一定的技术要求。电动割草机割草仅能抑制地上部分杂草的生长量，不能清除杂草根系对咖啡植株的影响，适合杂草生长末期使用；微型旋耕机或小型耕地机除草兼具松地和除草的功能，但操作区域需远离咖啡植株，否则会损伤咖啡植株，因此往往需要人工除草技术的配合。对铺设水肥一体化设施的咖啡园，机械除草对水肥一体化设施影响较大，损坏较为严重，使用效果并不理想。

机械除草

七、人工除草技术

人工除草技术适用于咖啡苗圃、杂草零星发生或面积较小的咖啡园，常见的人工除草包括人工拔草，以及利用镰刀和锄头等简易工具割草或铲草。人工拔草适合杂草发生量小或仅零星分布或发生于咖啡植株附近，该方法人工成本投入高、除草效率较低，但除草质量高，对咖啡植株几乎没有损伤。利用镰刀和锄头等简易工具割草或铲草适合咖啡园杂草发生量较大和杂草发生面积较广时，除草效率高于人工拔草，但割草仅能抑制杂草地上部分的生长量，不能清除杂草根系对咖啡植株的影响；铲草可以直接清除杂草根系，适合低龄咖啡园，并起到松土的效果，有利于咖啡植株的生长，但除草效率低，人工成本投入高。

人工除草

八、除草剂除草技术

利用除草剂进行咖啡园除草，除草成本最低，除草效果最好，但生态效益最差。农药残留影响咖啡的品质及出口销售；农药清除地表杂草，破坏生态环境，导致咖啡园生物多样性降低，土壤严重板结；除草剂飞溅至咖啡植株上，导致植株出现药害；除草剂多为高毒农药，影响从业者身体健康。近年来，除草剂在咖啡园的使用面积已经逐年递减，不推荐使用。

除草剂除草

九、咖啡苗圃杂草绿色防除技术

1. 苗圃杂草种类

咖啡苗圃建设标准一般为高度1.8 ~ 2m，遮阳度75% ~ 85%。因长期处于遮阳环境，苗圃的杂草种类与咖啡种植园的杂草种类具有较大的差异。2022—2023年对位于云南省保山市潞江镇的云南省农业科学院热带亚热带经济作物研究所咖啡苗圃的杂草种类进行了调查。调查结果表明，在咖啡苗圃共发现28科45属48种杂草，以菊科杂草种类最丰富，禾本科杂草种类次之，分别为13种（27.08%）和5种（10.42%）；从生长类型来看，主要为多年生、一年或二年生、一年生3种类型，

咖啡苗圃

分别有20种、3种、25种，占比分别为41.67%、6.25%和52.08%。整体来看，咖啡苗圃中菊科杂草最为丰富；在属级水平，单属杂草种类大多数只有1种，分布较均匀。

咖啡苗圃杂草种类（2022—2023年）

科	属	种	生长类型
报春花科 Primulaceae	珍珠菜属 Lysimachia	泽珍珠菜 Lysimachia candida	一年或二年生
唇形科 Lamiaceae	风轮菜属 Clinopodium	寸金草 Clinopodium megalanthum	多年生
地钱科 Marchantiaceae	地钱属 Marchantia	地钱 Marchantia polymorpha	一年生
豆科 Fabaceae	野豌豆属 Vicia	救荒野豌豆 Vicia sativa	一年生
凤尾蕨科 Pteridaceae	凤尾蕨属 Pteris	欧洲凤尾蕨 Pteris cretica	多年生
		蜈蚣凤尾蕨 Pteris vittata	多年生
		线羽凤尾蕨 Pteris arisanensis	多年生
骨碎补科 Davalliaceae	骨碎补属 Davallia	骨碎补 Davallia trichomanoides	多年生
禾本科 Poaceae	狗牙根属 Cynodon	狗牙根 Cynodon dactylon	多年生
	孔颖草属 Bothriochloa	白羊草 Bothriochloa ischaemum	多年生
	马唐属 Digitaria	马唐 Digitaria sanguinalis	一年生
	雀稗属 Paspalum	双穗雀稗 Paspalum distichum	一年生
	䅟属 Eleusine	牛筋草 Eleusine indica	一年生
锦葵科 Malvaceae	赛葵属 Malvastrum	赛葵 Malvastrum coromandelianum	多年生
菊科 Asteraceae	飞机草属 Chromolaena	飞机草 Chromolaena odorata	多年生
	飞蓬属 Erigeron	小蓬草 Erigeron canadensis	一年生
	鬼针草属 Bidens	鬼针草 Bidens pilosa	一年生
	合冠鼠曲属 Gamochaeta	匙叶合冠鼠曲 Gamochaeta pensylvanica	一年生
	黄鹌菜属 Youngia	黄鹌菜 Youngia japonica	一年生
	藿香蓟属 Ageratum	藿香蓟 Ageratum conyzoides	一年生
	菊三七属 Gynura	白子菜 Gynura divaricata	多年生
	苦荬菜属 Ixeris	苦荬菜 Ixeris polycephala	一年生
	六棱菊属 Laggera	翼齿六棱菊 Laggera crispata	多年生
	鼠曲草属 Gnaphalium	鼠曲草 Pseudognaphalium affine	一年生
	野茼蒿属 Crassocephalum	野茼蒿 Crassocephalum crepidioides	一年生
	羽芒菊属 Tridax	羽芒菊 Tridax procumbens	多年生
	紫茎泽兰属 Ageratina	紫茎泽兰 Ageratina adenophora	多年生
卷柏科 Selaginellaceae	卷柏属 Selaginella	伏地卷柏 Selaginella nipponica	一年生
苋科 Amaranthaceae	红叶藜属 Oxybasis	灰绿藜 Oxybasis glauca	一年生

(续)

科	属	种	生长类型
蓼科 Polygonaceae	萹蓄属 Polygonum	习见萹蓄 Polygonum plebeium	一年生
	酸模属 Rumex	齿果酸模 Rumex dentatus	一年生
马鞭草科 Verbenaceae	马鞭草属 Verbena	马鞭草 Verbena officinalis	多年生
玄参科 Scrophulariaceae	醉鱼草属 Buddleja	白背枫 Buddleja asiatica	多年生
千屈菜科 Lythraceae	水苋菜属 Ammannia	水苋菜 Ammannia baccifera	一年生
蔷薇科 Rosaceae	委陵菜属 Potentilla	朝天委陵菜 Potentilla supina	一年或二年生
茄科 Solanaceae	茄属 Solanum	龙葵 Solanum nigrum	一年生
莎草科 Cyperaceae	莎草属 Cyperus	香附子 Cyperus rotundus	一年生
十字花科 Brassicaceae	碎米荠属 Cardamine	弯曲碎米荠 Cardamine flexuosa	一年或二年生
蹄盖蕨科 Athyriaceae	双盖蕨属 Diplazium	双盖蕨 Diplazium donianum	多年生
苋科 Amaranthaceae	苋属 Amaranthus	反枝苋 Amaranthus retroflexus	一年生
车前科 Plantaginaceae	婆婆纳属 Veronica	北水苦荬 Veronica anagallis-aquatica	多年生
		水苦荬 Veronica undulata	一年生
通泉草科 Mazaceae	通泉草属 Mazus	早落通泉草 Mazus caducifer	多年生
荨麻科 Urticaceae	冷水花属 Pilea	小叶冷水花 Pilea microphylla	一年生
鸭跖草科 Commelinaceae	鸭跖草属 Commelina	竹节菜 Commelina diffusa	一年生
岩蕨科 Woodsiaceae	岩蕨属 Woodsia	岩蕨 Woodsia ilvensis	多年生
紫草科 Boraginaceae	琉璃草属 Cynoglossum	琉璃草 Cynoglossum furcatum	多年生
酢浆草科 Oxalidaceae	酢浆草属 Oxalis	酢浆草 Oxalis corniculata	一年生

2. 苗圃杂草绿色防除技术

（1）人工除草。针对咖啡苗圃，尤其是容器苗，建议结合日常灌溉、施肥、补苗、病虫害防控等田间实践工作，发现有杂草滋生情况时，将容器内杂草连根拔出，并置于塑料桶等容器内，集中带出苗圃，置于太阳下暴晒。针对根系发达、植株较高或容器内土壤板结等情况而导致杂草不容易连根拔起时，可在灌溉土壤使其潮湿疏松时，再进行人工拔除。而位于苗床周围的杂草可通过锄头等农具连根铲除。

（2）基质育苗控草。咖啡育苗多使用园间土壤进行，而土壤中含有丰富的杂草种子，育苗后因灌溉、温度回暖，杂草种子发芽，从而与咖啡幼苗争水、争肥、争空间，导致咖啡幼苗生长不良，出现主干纤细、植株过高等生长不良的现象。因此，有条件的咖啡苗圃，采用高温消杀的基质土替代常规土壤进行育苗，可显著降低基质内杂草的种类及数量。

（3）高温焚烧土壤。土壤中含有丰富的杂草种子，可在育苗地点燃杂草和秸秆等焚烧土壤，达到杀死土壤中大量杂草种子的目的；同时，焚烧后形成的草木灰富含咖啡苗生长所需的营养元素，有利于咖啡苗的生长。

（4）覆膜除草。育苗容器添装育苗基质后，可使用黑色或白色的塑料膜将整个苗床覆盖，苗床周围的塑料膜使用泥土等压实，然后再进行容器植苗，该方法利用塑料膜覆盖以达到控制杂草生长的目的。苗床周围的裸露地面，可以使用黑色地布进行全覆盖，以抑制苗床周围杂草的生长，并达到不影响苗圃正常农事操作的目的。

（5）揭遮阳网晒草。咖啡苗圃杂草多喜阴，如地钱、小叶冷水花等，可结合咖啡苗木炼苗，定期揭开苗圃遮阳网，能显著抑制地钱等喜阴杂草的生长。

（6）除草剂除草。针对咖啡苗圃周围的杂草，可直接采用化学除草剂进行防除，但苗圃内禁止使用化学除草剂。

十、咖啡幼龄园杂草绿色防除技术

1. 咖啡幼龄园杂草种类

咖啡幼龄园指新定植、树龄1～3年，并且尚未封行的咖啡园。该类型咖啡园由于新定植的咖啡植株矮小，种间竞争不占优势，因此，除草成本投入非常高，按照日常除草计划，每年除草4～6次，每公顷除草成本合2 985～4 478元（人民币）。2019年对云南省农业科学院热带亚热带经济作物研究所咖啡科研基地的3种种植模式下咖啡幼龄园杂草种类及其危害调查表明，在咖啡幼龄园共采集17科28种杂草，禾本科杂草种类最多，有7种（占比25%）；其余15科共有杂草21种，单科杂草种类介于1～3种。杂草生长类型仅为一年生和多年生两种，一年生杂草共19种（占比67.86%），多年生杂草共9种（占比32.14%）。危害等级5级的杂草有竹节草、鬼针草、马缨丹、马齿苋、香附子、反枝苋、鸭跖草7种，危害等级为4级的有牧用蔓罗豆、虮子草、马唐、牛筋草、千金子、升马唐、四生臂形草及葎草8种；其余13种杂草危害较轻。

咖啡幼龄园（航拍）

3种种植模式下咖啡园杂草种类及其危害情况（2019年）

科	物种	生长类型	危害等级
葫芦科 Cucurbitaceae	茅瓜 *Solena heterophylla*	多年生	2
叶下珠科 Phyllanthaceae	叶下珠 *Phyllanthus urinaria*	一年生	1
大戟科 Euphorbiaceae	飞扬草 *Euphorbia hirta*	一年生	1
	铁苋菜 *Acalypha australis*	一年生	1
豆科 Fabaceae	牧用蔓罗豆 *Listia bainesii*	多年生	4
	铁刀木 *Senna siamea*	多年生	3
禾本科 Poaceae	虮子草 *Leptochloa panicea*	一年生	4
	马唐 *Digitaria sanguinalis*	一年生	4
	牛筋草 *Eleusine indica*	一年生	4
	千金子 *Leptochloa chinensis*	一年生	4
	升马唐 *Digitaria ciliaris*	一年生	4
	四生臂形草 *Brachiaria subquadripara*	一年生	4
	竹节草 *Chrysopogon aciculatus*	一年生	5
虎耳草科 Saxifragaceae	虎耳草 *Saxifraga stolonifera*	一年生	1
锦葵科 Malvaceae	黄花稔 *Sida acuta*	多年生	3
菊科 Asteraceae	鬼针草 *Bidens pilosa*	一年生	5
马鞭草科 Verbenaceae	马缨丹 *Lantana camara*	多年生	5
马齿苋科 Portulacaceae	马齿苋 *Portulaca oleracea*	一年生	5
茄科 Solanaceae	龙葵 *Solanum nigrum*	一年生	2
	假烟叶树 *Solanum erianthum*	多年生	2
大麻科 Cannabaceae	葎草 *Humulus scandens*	多年生	4
莎草科 Cyperaceae	香附子 *Cyperus rotundus*	多年生	5
苋科 Amaranthaceae	反枝苋 *Amaranthus retroflexus*	多年生	5
旋花科 Convolvulaceae	Convolvulaceae sp.1	一年生	1
	Convolvulaceae sp.2	一年生	1
	Convolvulaceae sp.3	一年生	1
鸭跖草科 Commelinaceae	鸭跖草 *Commelina communis*	一年生	5
酢浆草科 Oxalidaceae	酢浆草 *Oxalis corniculata*	一年生	1

2. 幼龄园杂草绿色防除技术

（1）人工除草。采用人工有目的性地对危害4～5级的杂草进行防除，即竹节草、鬼针草、马缨丹、马齿苋、香附子、反枝苋、鸭跖草、牧用蔓罗豆、虮子草、马唐、牛筋草、千金子、升马唐、四生臂形草及葎草。而危害等级1～2级的杂草，属零星出现，不危害或危害轻的，可在不影响正常农事操作的情况下适当保留，有利于杂草群落多样性的维持。

（2）机械除草。3月初，结合咖啡园施肥，使用微型旋耕机对咖啡植株周围的杂草进行清除，以达到除草、松土、施肥的目的。生长旺季4～10月在杂草整体株高超过30cm时，使用背负式割草机于距地面15～20cm处进行割草，可使咖啡园生物多样性长期维持在较高水平，并实现茎秆持续还田。

（3）防草布覆盖。雨季来临前（3～4月），根据生长情况，使用黑色防草布覆盖咖啡一侧区域，另外一侧裸露。当裸露一侧杂草生长至10～15cm时，对覆盖区域进行揭膜，并将揭开的膜覆盖于有杂草的行间。如此重复操作，直至杂草生长末期。

（4）养鹅控草。基于农牧一体化技术，可在咖啡园内饲养成鹅，每亩饲养3～5只。一方面可实现养鹅控草，另一方面可通过养鹅获得额外的经济收益，该技术具有显著的经济效益和持续的生态效益。

（5）粮经协同控草技术。在咖啡园行间种植2～3行粮食作物，如大豆、蚕豆、玉米、旱稻、小麦、马铃薯、甘薯等，一方面可以控制行间杂草的生长，并形成遮阳促进咖啡植株的生长；另一方面可以获得额外的粮食产出，并将收获后的粮食作物秸秆直接置于咖啡植株周围达到抑草和秸秆还田的作用。

（6）绿肥植物控草技术。在咖啡园行间种植以豆科植物为主的绿肥植物，如田菁、硬皮豆、大翼豆、新诺顿豆、平托花生、光叶紫花苕等绿肥植物进行控草；同时，定期对绿肥植物进行刈割还田，增加土壤有机质含量。

（7）农林废弃物覆盖控草技术。将杧果、蛋黄果、荔枝等遮阳树种整形修剪后的枝干粉碎后按厚度6～15cm覆盖在咖啡园行间，或将玉米、水稻、大豆秸秆及咖啡果皮（腐熟后）、咖啡壳等当地易获取的覆盖物覆盖于咖啡园行间进行覆盖控草。春季咖啡园清耕时将枯萎的杂草茎秆覆盖于咖啡基部抑草。

十一、咖啡投产园杂草绿色防除技术

咖啡投产园是指定植年限超过3年，已初步具有产量的咖啡园。该类型根据咖啡园是否封行大致分为两类，一类为种植前5年的咖啡园，咖啡植株相对低矮，咖啡园尚未封行，咖啡园行间裸露

咖啡未封行投产园

空地较多，杂草生长旺盛，此期为杂草防除的关键期；另一类为种植5年后的咖啡园，咖啡植株高大，咖啡园已基本封行，裸露空地相对较少，咖啡植株枝条相互交错，导致杂草生长受阻，尤其是低矮类杂草，该时期以后杂草防除投入相对较低。因此，已投产咖啡园杂草应根据咖啡园的封行情况进行针对性的防控，并根据杂草的种类、生长特性及危害情况采取科学、有效、可行的防除技术。

咖啡已封行投产园（航拍）

1. 咖啡投产园杂草种类

2022—2023年对西双版纳傣族自治州景洪市和勐腊县两个咖啡种植区已投产咖啡园的杂草种类及危害开展了调查，共发现17科39属43种杂草。科级水平菊科杂草种类最多，有16种（占比37.21%）；禾本科杂草次之，有7种（占比16.28%）；其余15科杂草种类介于1～3种。属级水平杂草种类分布较均匀，种类介于1～2种。但景洪市和勐腊县2个咖啡种植区的杂草种类不同，分别为11科23属26种和11科28属31种，科级水平均为菊科杂草种类占绝对优势，禾本科杂草次之，其余科杂草种类介于1～2种；属级水平杂草种类分布均匀，单属杂草种类介于1～2种。生长周期上，西双版纳傣族自治州咖啡园中多年生杂草有21种（占比48.84%）、一年生杂草有22种（占比51.16%）。其中，景洪市咖啡园多年生杂草有9种（占比34.62%）、一年生杂草有17种（占比65.38%），勐腊县咖啡园多年生和一年生杂草分别为16种（占比51.61%）和15种（占比48.39%）。繁殖方式上，西双版纳傣族自治州咖啡园中的杂草有种子繁殖、种子或营养器官（匍匐茎、根茎、块茎等营养器官）繁殖、营养器官繁殖3种，仅以种子繁殖的占绝对优势（35种，占比81.40%），种子或营养器官繁殖的次之（7种，占比16.28%），仅以营养器官繁殖的只有1种（占比2.33%）。景洪市和勐腊县2个咖啡种植区均为仅以种子繁殖的杂草占绝对优势，分别为22种（占比84.62%）和27种（占比87.10%）。在景洪市咖啡园中5级危害的杂草有3种，即飞机草、小蓬草、藿香蓟，具有发生普遍、生物量大及危害较严重的特点，严重制约咖啡植株生长和产量稳定，为重点防控对象；4级危害的杂草有5种，即猪屎豆、棕叶芦、鬼针草、蓝花野茼蒿、紫茎泽兰，属较严重危害；3级危害的杂草有2种，即野茼蒿、热带鳞盖蕨，属中度危害，危害等级3级和4级的杂草，如若控制不当其发生量增加也可成为主要杂草，应加强监测；2级危害的杂草有12种，属轻度危害；1级危害的杂草有4种，仅在咖啡园出现，不造成危害，危害等级2级和1级的杂草可不作为重点防控或监测对象。在勐腊县咖啡园中5级危害的杂草有4种，即飞机草、鬼针草、野茼蒿、藿香蓟；4级危害的杂草有4种，即小蓬草、翼齿六棱菊、蓝花野茼蒿、紫茎泽兰；3级危害的杂草有棕叶芦1种；2级危害的杂草有15种；1级危害的杂草有7种。

西双版纳傣族自治州投产咖啡园杂草种类及危害

科名	属名	种名	生长周期	繁殖方式	危害等级	
					景洪市	勐腊县
豆科 Fabaceae	葛属 *Pueraria*	山葛 *Pueraria montana*	多年生	种子	2	—
	含羞草属 *Mimosa*	含羞草 *Mimosa pudica*	多年生	种子	—	2
	猪屎豆属 *Crotalaria*	猪屎豆 *Crotalaria pallida*	一年生	种子	4	
禾本科 Poaceae	狗尾草属 *Setaria*	皱叶狗尾草 *Setaria plicata*	多年生	种子	2	—
	狗牙根属 *Cynodon*	狗牙根 *Cynodon dactylon*	多年生	种子或 匍匐茎	—	2
	荩草属 *Arthraxon*	荩草 *Arthraxon hispidus*	一年生	种子		2
	马唐属 *Digitaria*	马唐 *Digitaria sanguinalis*	一年生	种子	2	—
	千金子属 *Leptochloa*	千金子 *Leptochloa chinensis*	一年生	种子	2	—
	䅟属 *Eleusine*	牛筋草 *Eleusine indica*	一年生	种子	2	1
	粽叶芦属 *Thysanolaena*	粽叶芦 *Thysanolaena latifolia*	多年生	种子	4	3
锦葵科 Malvaceae	梵天花属 *Urena*	地桃花 *Urena lobata*	多年生	种子	2	2
	赛葵属 *Malvastrum*	赛葵 *Malvastrum coromandelianum*	多年生	种子	—	2
菊科 Asteraceae	飞机草属 *Chromolaena*	飞机草 *Chromolaena odorata*	多年生	种子	5	5
	飞蓬属 *Erigeron*	小蓬草 *Erigeron canadensis*	一年生	种子	5	4
	鬼针草属 *Bidens*	婆婆针 *Bidens bipinnata*	一年生	种子	1	2
		鬼针草 *Bidens pilosa*	一年生	种子	4	5
	苦苣菜属 *Sonchus*	苣荬菜 *Sonchus wightianus*	一年生	种子	2	1
	苦荬菜属 *Ixeris*	苦荬菜 *Ixeris polycephala*	一年生	种子	2	1
	六棱菊属 *Laggera*	翼齿六棱菊 *Laggera crispata*	多年生	种子	—	4
	牛膝菊属 *Galinsoga*	牛膝菊 *Galinsoga parviflora*	一年生	种子	—	2

（续）

科名	属名	种名	生长周期	繁殖方式	危害等级	
					景洪市	勐腊县
菊科 Asteraceae	野茼蒿属 Crassocephalum	蓝花野茼蒿 Crassocephalum rubens	一年生	种子	4	4
		野茼蒿 Crassocephalum crepidioides	一年生	种子	3	5
	一点红属 Emilia	一点红 Emilia sonchifolia	一年生	种子	—	1
	鱼眼草属 Dichrocephala	鱼眼草 Dichrocephala integrifolia	一年生	种子	—	2
	羽芒菊属 Tridax	羽芒菊 Tridax procumbens	多年生	种子	—	2
	紫茎泽兰属 Ageratina	紫茎泽兰 Ageratina adenophora	多年生	种子	4	4
	合冠鼠曲属 Gamochaeta	匙叶合冠鼠曲 Gamochaeta pensylvanica	一年生	种子	—	2
	藿香蓟属 Ageratum	藿香蓟 Ageratum conyzoides	一年生	种子	5	5
藜芦科 Melanthiaceae	藜芦属 Veratrum	牯岭藜芦 Veratrum schindleri	多年生	种子	—	1
蓼科 Polygonaceae	酸模属 Rumex	酸模 Rumex acetosa	多年生	种子	—	1
木贼科 Equisetaceae	木贼属 Equisetum	节节草 Equisetum ramosissimum	多年生	孢子或根	—	1
茄科 Solanaceae	茄属 Solanum	刺天茄 Solanum violaceum	多年生	种子	—	2
		龙葵 Solanum nigrum	一年生	种子	2	2
莎草科 Cyperaceae	莎草属 Cyperus	香附子 Cyperus rotundus	一年生	种子或块茎	1	—
		砖子苗 Cyperus cyperoides	一年生	种子或块茎	1	—
肾蕨科 Nephrolepidaceae	肾蕨属 Nephrolepis	肾蕨 Nephrolepis cordifolia	多年生	孢子或根	1	—
石竹科 Caryophyllaceae	繁缕属 Stellaria	鹅肠菜 Stellaria aquatica	多年生	种子	—	2
碗蕨科 Dennstaedtiaceae	鳞盖蕨属 Microlepia	热带鳞盖蕨 Microlepia speluncae	多年生	孢子或根	3	—

（续）

科名	属名	种名	生长周期	繁殖方式	危害等级 景洪市	勐腊县
乌毛蕨科 Blechnaceae	乌毛蕨属 *Blechnopsis*	乌毛蕨 *Blechnopsis orientalis*	多年生	孢子或根	—	2
苋科 Amaranthaceae	苋属 *Amaranthus*	反枝苋 *Amaranthus retroflexus*	一年生	种子	2	—
旋花科 Convolvulaceae	番薯属 *Ipomoea*	圆叶牵牛 *Ipomoea purpurea*	一年生	种子	2	—
荨麻科 Urticaceae	糯米团属 *Gonostegia*	糯米团 *Gonostegia hirta*	多年生	种子	2	—
鸭跖草科 Commelinaceae	鸭跖草属 *Commelina*	竹节菜 *Commelina diffusa*	多年生	匍匐茎	—	2

2. 投产园杂草绿色防除技术

（1）未封行咖啡园。

①人工除草。采用人工有目的性地对危害4～5级的杂草进行防除，即防除飞机草、藿香蓟、小蓬草、蓝花野茼蒿、野茼蒿、鬼针草、猪屎豆、紫茎泽兰、棕叶芦、翼齿六棱菊10种。而对于危害等级1～2级的杂草，其属零星出现，不危害或危害轻的，可在不影响正常农事操作的情况下适当保留。

②机械除草、防草布覆盖、养鹅控草、粮经协同控草技术同咖啡幼龄园杂草绿色防除技术。

（2）已封行咖啡园综合防控技术。

①人工除草。采用人工定期清除危害等级为4～5级的杂草，如飞机草、藿香蓟、小蓬草、蓝花野茼蒿、鬼针草、猪屎豆、紫茎泽兰、棕叶芦等。

②养鹅控草。在地势平缓、坡度≤10°、郁闭度0.3～0.5的咖啡园按每亩3～5只成鹅的饲养量，养鹅控草。

十二、"瑰夏"咖啡园杂草绿色防除技术

1. "瑰夏"庄园杂草种类

"瑰夏"咖啡是一种品质好、产值高的咖啡品系，国内于2017年后开始大量种植，至今已开始大量投产。2024年初"瑰夏"咖啡鲜果的售价高达200～300元/kg，生豆则高达1 500～3 000元/kg，经济价值极高。而杂草防除一直是"瑰夏"咖啡种植者头疼的问题。一方面，担心制约"瑰夏"咖啡的生长和产量稳定；另一方面，担心因杂草防除过度，导致咖啡品质降低。2022—2024年初对云南省首批精品咖啡庄园"佐园咖啡庄园"的300亩"瑰夏"咖啡园杂草种类进行了调查。调查结果表明，在300亩"瑰夏"咖啡园内共发现杂草24科50属53种，菊科杂草种类最多，禾本科杂草次之，分别为15种（占比28.30%）和8种（占比15.09%）。杂草生长类型共分为一年生、二年、一年或二年生及多年生4种类型，分别有28种（占比52.83%）、1种（占比1.87%）、4种（占比7.55%）、20种（占比37.73%）。整体来看"瑰夏"咖啡园菊科杂草占绝对优势，并以一年生杂草和多年生杂草为主。

"瑰夏"咖啡园（航拍）

"瑰夏"咖啡园杂草种类（2022—2024 年初）

科	属	种	生长类型
车前科 Plantaginaceae	车前属 Plantago	平车前 Plantago depressa	一年生或二年生
唇形科 Lamiaceae	薄荷属 Mentha	留兰香 Mentha spicata	多年生
	风轮菜属 Clinopodium	邻近风轮菜 Clinopodium confine	一年生或二年生
豆科 Fabaceae	野豌豆属 Vicia	救荒野豌豆 Vicia sativa	一年生
禾本科 Poaceae	棒头草属 Polypogon	棒头草 Polypogon fugax	一年生
	狗尾草属 Setaria	狗尾草 Setaria viridis	一年生
		皱叶狗尾草 Setaria plicata	多年生
	狗牙根属 Cynodon	狗牙根 Cynodon dactylon	多年生
	荩草属 Arthraxon	荩草 Arthraxon hispidus	一年生
	千金子属 Leptochloa	千金子 Leptochloa chinensis	一年生
	蜈蚣草属 Eremochloa	蜈蚣草 Eremochloa ciliaris	一年生
	甘蔗属 Saccharum	蔗茅 Saccharum rufipilum	多年生
金星蕨科 Thelypteridaceae	针毛蕨属 Macrothelypteris	针毛蕨 Macrothelypteris oligophlebia	多年生
菊科 Asteraceae	飞蓬属 Erigeron	小蓬草 Erigeron canadensis	一年生
	鬼针草属 Bidens	鬼针草 Bidens pilosa	一年生
	蒿属 Artemisia	五月艾 Artemisia indica	多年生

（续）

科	属	种	生长类型
菊科 Asteraceae	合冠鼠曲属 Gamochaeta	匙叶合冠鼠曲 Gamochaeta pensylvanica	一年生
	黄鹌菜属 Youngia	黄鹌菜 Youngia japonica	一年生
	藿香蓟属 Ageratum	藿香蓟 Ageratum conyzoides	一年生
	苦苣菜属 Sonchus	苣荬菜 Sonchus wightianus	多年生
	六棱菊属 Laggera	翼齿六棱菊 Laggera crispata	多年生
	毛连菜属 Picris	滇苦菜 Picris divaricata	二年生
	牛膝菊属 Galinsoga	牛膝菊 Galinsoga parviflora	一年生
	鼠曲草属 Gnaphalium	鼠曲草 Pseudognaphalium affine	一年生
	豚草属 Ambrosia	豚草 Ambrosia artemisiifolia	一年生
	野茼蒿属 Crassocephalum	野茼蒿 Crassocephalum crepidioides	一年生
	鱼眼草属 Dichrocephala	鱼眼草 Dichrocephala integrifolia	一年生
	紫茎泽兰属 Ageratina	紫茎泽兰 Ageratina adenophora	多年生
蓼科 Polygonaceae	何首乌属 Pleuropterus	何首乌 Pleuropterus multiflorus	多年生
	蓼属 Persicaria	水蓼 Persicaria hydropiper	一年生
	酸模属 Rumex	齿果酸模 Rumex dentatus	一年生
麻黄科 Ephedraceae	麻黄属 Ephedra	木贼麻黄 Ephedra equisetina	多年生
马鞭草科 Verbenaceae	马鞭草属 Verbena	马鞭草 Verbena officinalis	多年生
牻牛儿苗科 Geraniaceae	老鹳草属 Geranium	鼠掌老鹳草 Geranium sibiricum	一年生或二年生
毛茛科 Ranunculaceae	毛茛属 Ranunculus	茴茴蒜 Ranunculus chinensis	一年生
木贼科 Equisetaceae	木贼属 Equisetum	节节草 Equisetum ramosissimum	多年生
千屈菜科 Lythraceae	节节菜属 Rotala	圆叶节节菜 Rotala rotundifolia	一年生
茜草科 Rubiaceae	拉拉藤属 Galium	拉拉藤 Galium spurium	一年生
蔷薇科 Rosaceae	蛇莓属 Duchesnea	蛇莓 Duchesnea indica	多年生
	悬钩子属 Rubus	插田藨 Rubus coreanus	多年生
茄科 Solanaceae	茄属 Solanum	龙葵 Solanum nigrum	一年生
		水茄 Solanum torvum	多年生
伞形科 Apiaceae	积雪草属 Centella	积雪草 Centella asiatica	多年生
莎草科 Cyperaceae	莎草属 Cyperus	具芒碎米莎草 Cyperus microiria	一年生
		香附子 Cyperus rotundus	一年生
石竹科 Caryophyllaceae	繁缕属 Stellaria	繁缕 Stellaria media	一年生或二年生
苋科 Amaranthaceae	苋属 Amaranthus	反枝苋 Amaranthus retroflexus	一年生

(续)

科	属	种	生长类型
苋科 Amaranthaceae	红叶藜属 *Oxybasis*	灰绿藜 *Oxybasis glauca*	一年生
	腺毛藜属 *Dysphania*	土荆芥 *Dysphania ambrosioides*	多年生
荨麻科 Urticaceae	苎麻属 *Boehmeria*	序叶苎麻 *Boehmeria clidemioides* var. *diffusa*	多年生
鸭跖草科 Commelinaceae	鸭跖草属 *Commelina*	竹节菜 *Commelina diffusa*	一年生
紫草科 Boraginaceae	紫筒草属 *Stenosolenium*	紫筒草 *Stenosolenium saxatile*	多年生
酢浆草科 Oxalidaceae	酢浆草属 *Oxalis*	酢浆草 *Oxalis corniculata*	一年生

2. 杂草的防除技术

（1）人工除草。针对"瑰夏"咖啡高产值的特点，除草应该保障在不影响咖啡品质的前提下开展。通过定期巡园，有目的地清除"瑰夏"咖啡园内具有生长快、繁殖能力强、植株高大、木质化程度高等特点的恶性杂草，如紫茎泽兰、小蓬草、水茄、五月艾、土荆芥、马鞭草、千金子、狗牙根、蔗茅、插田藨、序叶苎麻、蜈蚣草、皱叶狗尾草及何首乌。上述恶性杂草建议连根铲除。而针对含水量高、植株低矮的杂草应该予以保留，以维持咖啡园较高的生物多样性水平。

（2）机械除草、防草布覆盖、养鹅控草同咖啡幼龄园杂草绿色防除技术。

附录 拉丁学名索引

参 考 文 献

陈洪俊,黄国勤,杨滨娟,等,2014.冬种绿肥对早稻产量及稻田群落的影响[J].中国农业科学,47(10):1976-1984.

付兴飞,胡发广,李贵平,等,2021.绿肥对咖啡园杂草多样性及功能群的影响[J].热带作物学报,42(4):1166-1174.

付兴飞,胡发广,李贵平,等,2023a.保山小粒咖啡园杂草种类及危害现状[J].杂草学报,41(3):32-39.

付兴飞,胡发广,李贵平,等,2023b.小粒咖啡有害生物综合防控[M].北京:中国农业出版社.

付兴飞,李贵平,李亚男,等,2024.绿肥种植密度对咖啡幼龄园杂草群落及咖啡生长的影响[J].生态与农村环境学报,40(10):1310-1318.

郭英姿,王政,贾文庆,等,2023.三种浸提液对万寿菊和波斯菊的化感效应[J].植物生理学报,59(9):1830-1840.

胡发广,毕晓菲,黄家雄,等,2019.小粒咖啡苗圃杂草防控药剂筛选初报[J].热带农业科技,42(4): 45-47.

胡发广,李荣福,毕晓菲,等,2012.云南小粒咖啡园杂草发生危害及防除[J].杂草科学,30(4):44-46.

黄家雄,吕玉兰,李维锐,等,2023.中国咖啡产业发展报告(2022)[J].热带农业科技,46(4): 1-5.

李荣福,王海燕,龙亚芹,等,2015.中国小粒咖啡病虫草害[M].北京:中国农业出版社.

鲁传涛,封洪强,杨共强,等,2021.农田杂草鉴别与防除彩色图鉴[M].北京:中国农业科学技术出版社.

马殿荣,丁国华,刘晓亮,等,2012.杂草稻竞争对栽培稻群体干物质生产和籽粒灌浆的影响[J].沈阳农业大学学报,43(6): 736-740.

王美存,刘光华,李贵平,等,2008.云南潞江坝小粒咖啡园杂草防治技术[J].热带农业科技(1):12-14.

张晓芳,娄予强,黄家雄,等,2023.咖啡与生活[M].北京:中国农业科学技术出版社.

中国科学院中国植物志编委会,1993.中国植物志[M].北京:科学出版社.

朱朝华,范志伟,杨叶,等,2006.热带农田杂草生态与管理[M].北京:中国农业大学出版社.

Hu F G, Li R F, Bi X F, et al., 2012. Investigation of types and hazard of weeds in *Coffea arabica* Orchads in Nujiang River Basin[J]. Agricultural Science & Technology, 13(11): 2367-2369.

Tilman D, Downing J A, 1994. Biodiversity and stability in grasslands[J]. Nature, 367(27): 363-365.